DES IRRIGATIONS

DU PIÉMONT ET DE LA LOMBARDIE,

COMMUNICATION A L'ACADÉMIE IMPÉRIALE DE METZ.

Faite dans la Séance du 24 novembre 1859.

PAR A. VIGNOTTI,

Capitaine commandant d'Artillerie,
Professeur de Sciences appliquées à l'École d'artillerie de Metz,
Membre titulaire de l'Académie impériale de Metz,
Chevalier des Ordres des Sts Maurice et Lazare de Sardaigne,
de la Tour et l'Épée de Portugal
et de Ste Anne de Russie.

Extrait des Mémoires de l'Académie impériale de Metz,
année 1859-60.

METZ.

F. BLANC, IMPRIMEUR DE L'ACADÉMIE IMPÉRIALE.

1860.

DES IRRIGATIONS

DU PIÉMONT ET DE LA LOMBARDIE,

COMMUNICATION A L'ACADÉMIE IMPÉRIALE DE METZ.

Faite dans la Séance du 24 novembre 1859,

PAR A. VIGNOTTI,

Capitaine commandant d'Artillerie,
Professeur de Sciences appliquées à l'École d'artillerie de Metz,
Membre titulaire de l'Académie impériale de Metz,
Chevalier des Ordres des St Maurice et Lazare de Sardaigne,
de la Tour et l'Épée de Portugal
et de Ste Anne de Russie.

Extrait des Mémoires de l'Académie impériale de Metz,
année 1859-60.

METZ.

F. BLANC, IMPRIMEUR DE L'ACADÉMIE IMPÉRIALE.

1860.

DES IRRIGATIONS

DU PIÉMONT ET DE LA LOMBARDIE,

PAR A. VIGNOTTI.

Messieurs,

Dans la séance publique de l'Académie, du 15 mai dernier, en vous rendant compte du Concours agricole de 1858, un de nos collègues[1] appelait votre attention sur l'utilité des Irrigations, et exprimait l'espoir que nos soldats rapporteraient de leur campagne en Lombardie des renseignements complets, des règles précises, sur cette intéressante question[2]. L'autorité de la parole de votre rapporteur donnait une importance particulière à l'expression de ce désir; et, pour ma part, j'en avais été d'autant plus impressionné que j'étais en ce moment même en instances pour obtenir de Son Exc. M. le Ministre de la guerre la faveur d'être envoyé à l'armée d'Italie. Je partais quelques jours plus tard en effet, me promettant bien d'étudier de mon mieux les irrigations des magnifiques contrées que j'allais parcourir. Mais, quelque dé-

[1] M. le comte Van der Straten Ponthoz.

[2] Voir le tome XLe des Mémoires de l'Académie impériale de Metz (année 1859), page 66.

sireux que je pusse être de prouver à l'Académie que, malgré mon éloignement, je gardais un souvenir reconnaissant de la bienveillance dont elle m'a honoré, j'aurais eu certainement le regret de ne recueillir que des notes très-incomplètes si les circonstances ne m'avaient secondé, et si j'étais resté livré à mes propres forces ; si, d'une part, je n'avais été retenu en Italie longtemps après la paix glorieuse de Villafranca ; et si, d'un autre côté, je n'avais trouvé dans mes excellentes relations avec quelques hommes instruits du Piémont des conseils éclairés, des renseignements précieux sur les parties de l'ancien et du nouveau territoire que j'aurais à visiter, sur les auteurs italiens que je pourrais consulter avec le plus de fruit. Aujourd'hui, cependant, en venant vous raconter ce que j'ai tant admiré, en vous apportant le résultat de mes recherches, je sens que j'ai besoin de réclamer de vous une double indulgence, puisque le sujet que je veux traiter est tout à fait en dehors de mes études habituelles ; et je demande à l'Académie la permission de lui dire, avec le chantre des *Métamorphoses*[1] :

> Da veniam scriptis quorum non gloria nobis
> Causa sed utilitas officium que fuit.

Du rôle de l'eau dans la végétation. — Le rôle essentiel que l'eau doit jouer dans la végétation des plantes est trop connu aujourd'hui pour qu'il soit nécessaire d'en parler longuement ici. On sait que les différents sels alcalins ou terreux puisés dans le sol par les racines ne peuvent être introduits dans les organes des végétaux qu'à l'état de dissolution dans l'eau ; le carbone lui-même qui constitue parfois jusqu'aux 80 centièmes de la substance de la plante vivante, le carbone ne se retrouve jamais dans

[1] Ovide.

celle-ci à l'état isolé, à l'état solide. C'est toujours en
s'unissant aux éléments de l'eau, à l'oxygène, à l'hydro-
gène, que ce carbone peut devenir ligneux, fécule, amidon,
gomme, sucre ou glucose; dans tous les principes immé-
diats, acides, basiques ou neutres, de la chimie végétale,
on retrouve toujours les mêmes corps simples combinés
en proportions variables, deux à deux, ou bien réunis
tous les trois. D'où l'on peut conclure que l'eau est absolument indispensable à la formation de ces composés
divers; que ce liquide, sous l'influence de forces qui ont,
cela n'est plus douteux, une origine électrique, est dé-
composé dans l'intérieur des organes des plantes en ses
deux éléments simples; que ceux-ci, enfin, entrent en
combinaison, à l'état naissant, soit avec l'oxygène soit
avec le carbone fournis abondamment par l'acide carbonique contenu dans l'atmosphère.

Quant à son action sur le sol végétal lui-même, l'eau
facilite d'abord la division de toutes les parties terreuses:
par là, les gaz, les vapeurs atmosphériques, peuvent pénétrer plus aisément jusqu'aux radicelles qui, elles-mêmes,
n'éprouvent plus de difficulté à se faire faire place quand
elles grossissent et s'allongent. De plus, les divers sels
alcalins ou terreux, dont la végétation sait profiter, n'existent pas habituellement tout formés dans les terres : ils
sont le résultat de doubles décompositions, de réactions
chimiques, qui ne peuvent s'exercer qu'au contact, que
par l'intervention de l'eau.

L'eau est donc nécessaire à la vie, à la croissance des
végétaux. Mais suivant qu'elle est de bonne ou de mau-
vaise qualité, qu'elle a ou n'a pas une température convenable, elle peut rendre les champs fertiles où les frapper
de stérilité, comme j'essaierai de le montrer plus loin;
de même aussi il n'est pas indifférent qu'il en existe ou
qu'on en introduise des quantités quelconques dans les

cultures. Car, sans m'occuper encore des exigences particulières de telles ou telles de ces cultures, c'est un principe bien établi de l'agriculture théorique qu'il existe une relation intime entre-le climat, la nature du sol et le degré d'humidité qui convient à ce sol. Des pluies rares et peu abondantes, l'absence de rosées, l'évaporation rendue très-active par l'élévation habituelle de la température, l'état hygrométrique de l'air, des vents desséchants, ou bien une trop grande perméabilité du terrain, ne manqueront pas d'amener, en certains cas, une sécheresse désastreuse; dans d'autres lieux, au contraire, les pluies seront très-fréquentes, les rosées considérables; le terrain sera situé dans des lieux bas où les eaux d'infiltration pourront se réunir sans avoir ensuite d'écoulement; et si, avec cela, le sous-sol est imperméable, ou bien si des sources souterraines se font jour à la surface du sol, il en résultera un état d'humidité excessive. Cette humidité, on le sait, serait, comme la sécheresse, tout à fait préjudiciable aux plantes.

L'eau peut ainsi, en agriculture, et suivant les circonstances, être une source de richesses ou bien une cause de ruine; et le but que le cultivateur intelligent et instruit doit se proposer d'atteindre consiste donc évidemment à pouvoir obtenir à volonté, aux moments convenables, ces deux avantages, contradictoires en apparence : tantôt de se procurer de l'eau, d'en amener dans les champs, quand ceux-ci en ont besoin; tantôt, au contraire, de l'en expulser[1], quand il y en a trop.

[1] Il serait hors de mon sujet de m'occuper ici du système de desséchement appelé en italien *colmata* (comblement), qui a été appliqué, sans beaucoup de succès, aux vastes marais Pontins, à la *Campagna Romana*, et d'une manière bien plus efficace, au contraire, à la *Maremma Toscana*, principalement au grand marais de Castiglione. Il est certain qu'en dépit des appréhensions dés

Les applications agricoles déjà si fécondes du drainage, des irrigations, ont aujourd'hui une importance telle, que l'on comprend que quelques auteurs[1] aient pu admettre en principe « que l'on doit perdre entièrement sa peine » en cultivant la terre, si l'on ne s'est pas ménagé » d'avance la double faculté d'assainir et d'arroser le sol » suivant ce qu'exigent les circonstances. »

Il faudrait d'ailleurs se garder de croire que cette question soit nouvelle ; en l'étudiant, il est aisé de se convaincre au contraire que, sur ce point, nous ne sommes guère les dignes fils de nos ancêtres.

De l'irrigation chez les anciens peuples. — Dès l'antiquité la plus reculée, divers peuples ont connu les avantages des irrigations et ont mis celles-ci en pratique. C'est ainsi que la Génèse dit, en parlant de l'Égypte[2] : « Ubi aquæ ducuntur irriguæ. »

Dans les Indes, les lois de Menou, de Brahma, de Boudda, plaçaient la construction d'un réservoir, l'ouverture d'un canal de dérivation, parmi les œuvres particulièrement agréables aux Dieux. Aussi, mille ans avant Jésus-Christ comptait-on déjà, dans ces riches contrées, des centaines de canaux, parmi lesquels on peut citer celui qui réunissait le Gange à l'Hyphase (aujourd'hui Setledjé

populations de ces contrées, ce marais aura cessé d'exister dans un espace de temps qui ne sera plus bien long. Maintenant déjà, quoique trente années à peine se soient écoulées depuis la première application des procédés proposés au grand-duc de Toscane par le comte Fossombroni, vingt-deux milles carrés (environ 35 kilomètres carrés), les deux tiers de la surface totale du marais, ont été comblés par les dépôts terreux charriés par les eaux de l'Ombrone, et sont aujourd'hui couverts en grande partie de riches moissons et de vertes prairies.

[1] Carlo Berti Pichat. *Instituzioni scientifiche et tecniche ec......* Volume secondo.

[2] Pareto. *Irrigations et assainissement des terres.*

ou Gharra), et dont le parcours était de 245 kilomètres pour le moins. Le nombre et l'étendue des réservoirs établis dans ce même pays sont aussi dignes de remarque. On a cité celui de Binteung, véritable lac artificiel, qui avait 13 kilomètres de tour; celui de Maïnery, dont le périmètre atteignait huit lieues[1]. Les soins donnés à la culture du riz, qui était encore du temps d'Hérodote la principale nourriture de ces peuples; l'importance bien appréciée de la production des fourrages, les avaient conduits à la construction raisonnée de tous ces ouvrages d'art si imposants[2]. Et l'on peut dire que ce sont eux qui ont donné

[1] Carlo Berti Pichat, loco citato.

[2] On tire de nos jours un grand parti, dans l'Inde anglaise, de ces immenses travaux relatifs aux irrigations qui datent d'une époque bien reculée. Un officier du Génie de la Compagnie des Indes, R. Baird Smith (Italian Irrigation : *a Report on the agricultural Canals of Piedmont and Lombardy*, London 1852), s'exprime en ces termes à ce sujet :

« Le canal qui existe » dans l'Inde « à l'ouest de la rivière Jumna,
» est égal en volume à celui de la Muzza et est dix fois plus long.
» Le territoire qu'il arrose est cinq fois plus grand que celui du
» canal italien; ses travaux d'art sont plus nombreux, etc.... Au
» lieu de 75 issues d'écoulement, il y en a plus de 670; au lieu
» d'une demi-douzaine de ponts, il y en a 214, et ainsi du reste.
» Enfin, son revenu brut, au lieu de 1 400 livres sterling, s'élève
» à plus de 30000 livres par année.....
» Les plus grands canaux de la Lombardie ne sauraient soutenir de comparaison avec celui du Gange. Le volume d'eau
» débité par le canal indien est trois fois celui de la Muzza; la
» superficie qu'il arrose est huit fois plus grande; il est trente
» fois plus long; il rapporte annuellement cent fois plus; et il
» n'y a pas d'ouvrage d'art sur la Muzza, ou sur n'importe quel
» canal de l'Italie du nord, qui approche, en importance, de ceux
» *en cours d'exécution* dans l'Inde septentrionale. » (Volume 1er, pages 256, 257.)

Il semblerait toutefois que la sollicitude de la Compagnie des Indes, à cet égard, n'est pas toujours appréciée de la même manière.

les premiers l'exemple bon à suivre d'une sage prévoyance, en ne se contentant pas de tirer parti, pour leurs irrigations, de leurs cours d'eau très-variables, et en comprenant la nécessité de conserver en réserve une grande quantité de cette eau bienfaisante, pour la verser à propos dans les plaines désolées par les ardeurs d'un soleil brûlant. Ces peuples primitifs n'avaient-ils pas trouvé ainsi les procédés que nous cherchons encore de nos jours pour éloigner à tout jamais de nos fertiles campagnes le fléau des inondations?

On n'ignore pas que les Babyloniens avaient fait servir aux besoins de leur agriculture les crues de l'Euphrate, comme les Égyptiens celles du Nil. Les ruines majestueuses d'aqueducs, de conduits souterrains, parmi lesquels on a signalé même un véritable tunnel sous l'Euphrate; des canaux d'un développement assez grand pour réunir ce fleuve au Tigre, attestent tous les soins que ce peuple donnait aux irrigations. Xénophon, d'ailleurs, dans le récit de la célèbre retraite des dix mille, ne signale-t-il pas l'existence d'un grand nombre de canaux en Assyrie comme l'une des plus grandes difficultés que ses troupes aient eu à surmonter? L'histoire nous a conservé, d'un autre côté, le souvenir de la reine Nitocris, qui fit creuser un lac auquel elle laissa son nom, lac destiné à recevoir

M. le comte E. de Warren, ancien officier de S. M. britannique dans l'Inde, a écrit ce qui suit dans son intéressant ouvrage sur *l'Inde anglaise avant et après l'insurrection de 1857* :

« L'agriculture dépend ici » (de Madras à Hyderabad) « des ca-
» naux et réservoirs artificiels construits autrefois à grands frais
» par les princes du pays et les chefs de villages, mais que la
» Compagnie anglaise ne se donne aucune peine pour entretenir.
» Depuis soixante ans que les Anglais se sont définitivement em-
» parés de cette province, on cherche vainement les améliorations
» qu'ils y ont faites. »

2

les eaux de l'Euphrate, et auquel Hérodote donne huit lieues, et Diodore jusqu'à trente lieues de tour.

Les Chinois[1], qui, sous plusieurs rapports, semblent avoir devancé les Européens en fait de civilisation, auraient établi, dès les premiers âges du monde, un système général très-rationnel d'irrigations pour le Céleste Empire. Dans les montagnes on trouve de vastes réservoirs où viennent se réunir toutes les eaux des hauteurs environnantes. Le Yang-tse-kiang (fils de l'Océan), dit le fleuve bleu, et le Hoang-ho (fleuve jaune), les deux fleuves de l'univers qui ont peut-être le plus long parcours[2], des rivières importantes, une grande quantité d'affluents, remplissaient à la fois les fonctions d'artères et de veines dans ce système de circulation. Le régime des eaux était réglementé, dans ces grands canaux naturels, par de nombreux et intelligents ouvrages d'art; un nombre considérable de petits canaux, de conduits artificiels, portaient partout les eaux d'irrigation dont l'influence heureuse s'étendait ainsi des terrains les plus élevés aux plaines les plus inférieures. Ce réseau si complet daterait, suivant quelques historiens, des premiers siècles après le déluge; l'un d'eux[3] prétend même que le roi Tschun, qui vivait vingt-trois siècles avant l'ère chrétienne, s'est servi de ces canaux, dès après leur établissement, pour faire écouler dans les fleuves principaux, et même dans la mer, des eaux provenant encore du déluge. Il est permis de se demander peut-être, pour rester orthodoxe, s'il

[1] Hodde. *Description de l'agriculture en Chine.*

[2] Le premier a 4500 kilomètres de cours, une largeur de 2 kilomètres presque partout, et de 30 kilomètres à l'embouchure. Les bateaux y remontent jusqu'à 1000 kilomètres. Le fleuve jaune a 3000 kilomètres de cours.

[3] Gutzlaff.

s'agit ici du déluge de la Genèse ou d'une forte inondation partielle et bien postérieure de ces contrées?

On a signalé encore[1] l'existence sur les grands cours d'eau de l'empire chinois d'une quantité innombrable de bateaux portant des roues pendantes au moyen desquelles on élève les eaux pour les faire servir ensuite à l'irrigation.

Tout le monde connaît les travaux si grandioses exécutés dans la Basse-Égypte pour contenir et régulariser les inondations du Nil, de manière à obtenir, dans toute l'étendue des plaines immenses que le fleuve arrose au lieu de les dévaster, le dépôt uniforme d'un limon fertile et bienfaisant. C'est là, sans contredit, une espèce d'irrigation toute spéciale et qui sort de mon sujet ; mais il ne faut pas oublier non plus que, 1740 ans avant Jésus-Christ, les Égyptiens ont créé le lac de Mœris[2] (aujourd'hui Birket-el-Kéroun), situé dans l'Heptanomide, l'œuvre d'art la plus gigantesque qui ait jamais été entreprise dans le seul but d'utiliser les eaux pour les besoins de l'agriculture. D'après Hérodote, Strabon et Pline, ce lac n'avait pas moins de 600 kilomètres de tour et de 12000 hectares de surface ; il renfermait deux immenses nilomètres, deux pyramides ayant chacune une centaine de mètres de hauteur[3] ; à ce lac venait aboutir un canal de dérivation du Nil ayant une étendue d'au moins 20 kilomètres. Des aqueducs, des ponts, des ponts-canaux, des siphons, des digues et des canaux, en très-grand nombre, dont la plupart existent encore, servaient à conduire les eaux partout, à faire jouir toutes les parties du sol des propriétés fertilisantes de celles-ci ; c'est ainsi qu'on doit, sans nul

---

[1] Jaubert de Passa. *Recherches sur les arrosages des anciens.*
[2] Le véritable nom du roi Mœris est Thoutmès IV.
[3] Nadault de Buffon.

doute, aux premiers habitants du royaume des Pharaons, la plus complète, la plus savante application des eaux courantes à l'agriculture.

On n'a pas autant de renseignements sur les travaux exécutés en Perse pour l'irrigation. Dans ce pays, cependant, vers la même époque, on n'était pas resté étranger à ce progrès; Polybe rapporte que l'État, possesseur d'une grande étendue de terres incultes, abandonnait la propriété de ces terres, pour cinq générations successives, à ceux qui consentaient à se charger d'y établir des irrigations.

Je pourrais encore, Messieurs, ajouter quelques mots pour vous rapporter en substance ce qui a été fait dans le même but en Nubie, en Éthiopie, en Palestine, et surtout en Phénicie. Mais mon désir n'est pas de me parer devant vous d'une érudition d'emprunt : je voulais seulement, en rappelant succinctement ce qu'avaient été les irrigations dès les premiers âges du monde, bien établir que ce n'est pas là, tant s'en faut, une question nouvelle ; et poser des prémisses qui me permettront de conclure tout à l'heure, à la confusion de notre civilisation moderne, que les procédés employés, ou à employer, de nos jours ne s'écartent pas sensiblement des pratiques adoptées par les premiers peuples qui ont habité notre terre.

Les Romains, auxquels on doit la construction de tant d'aqueducs célèbres dans les divers pays successivement soumis à leur domination, par exemple dans les Gaules, l'Espagne, la Germanie, l'Afrique, les Romains ne paraissent pas avoir recherché, en général, la faculté d'arroser à volonté les campagnes voisines des centres de population auxquels ils amenaient à grands frais des eaux saines et abondantes. On ne trouve pas non plus qu'il soit fait mention, dans l'histoire de la Grèce, de travaux agricoles aussi grandioses que ceux que je viens de citer,

quoiqu'en plusieurs endroits différents écrivains grecs
parlent des irrigations comme d'une chose bien connue et
généralement pratiquée. Mais, longtemps avant l'occupation romaine, les Étrusques, les cultivateurs de la vallée du
Pô, savaient, par tradition, profiter des ressources que leur
offraient les irrigations[1]; et Diodore de Sicile dit, en parlant de ce beau pays : « La grande fertilité du sol est due
» principalement à l'habileté que possèdent les habitants

[1] Micali. *L'Italia avanti i Romani*.

Il est à peine besoin, d'ailleurs, de rappeler, à l'appui de ce que
j'avance, ce vers que tout le monde sait :

   « Claudite jam rivos pueri : sat prata bibêre. »

Virgile, né sur les bords du Mincio, décrit nettement, dans les
vers suivants, les irrigations de son pays, lesquelles n'y étaient
évidemment pas usitées pour les prairies seulement :

   « Quid dicam, jacto qui semine comminus arva
   » Insequitur, cumulos que ruit male pinguis arenæ;
   » Deinde satis fluvium inducit rivos que sequentis ?
   » Et, quum exustus ager morientibus œstuat herbis,
   » Ecce supercilio clivosi tramitis undam
   » Elicit : illa cadens raucum per levia murmur
   » Saxa clet, scatebris que arentia temperat arva. »
       (*Géorgiques,* livre 1er, vers 104 et suivants.)

Voici la traduction de ce passage donnée par l'abbé Delille :

   « Mais l'art du laboureur peut tout après les Dieux.
   » Dans les champs la semence est-elle déposée ?
   » Il la couvre à l'instant sous la glèbe écrasée,
   » Puis d'un fleuve coupé par de nombreux canaux
   » Court dans chaque sillon distribuer les eaux.
   » Si le soleil brûlant flétrit l'herbe mourante,
   » Aussitôt je le vois par une douce pente
   » Amener du sommet d'un rocher sourcilleux
   » Un docile ruisseau, qui sur un lit pierreux
   » Tombe, écume, et roulant avec un doux murmure
   » Des champs désaltérés ranime la verdure. »

» pour régler, distribuer et contenir les eaux cou-
» rantes. » On a retrouvé aussi des décrets des Empereurs romains contre ceux qui tentaient de détourner les
eaux des aqueducs publics pour les faire servir à leur
usage particulier. Ainsi, vers la fin du quatrième siècle [1],
à Milan, les empereurs Arcadius et Honorius, Augustes,
sous le consulat de Stilicon et d'Aurélien, punissaient ce
délit par la confiscation des canaux et des terres des
délinquants [2].

Pendant le moyen âge [3], les Visigoths ont bien entrepris
d'établir des canaux importants dans l'Espagne et dans le
midi de la France; les Arabes en ont bien ensuite con-
tinué quelques-uns en y ajoutant même des réservoirs, et
en introduisant aussi l'emploi de machines hydrauliques.
Mais ces travaux, inachevés pour la plupart, ne méritent
pas que je m'y arrête, ne m'étant pas proposé d'écrire
une notice historique sur les irrigations, mais de rechercher seulement quels sont les procédés d'irrigation
qui ont été le plus anciennement mis en usage.

Le fait capital qu'il faut noter, en suivant les progrès
des irrigations en Occident, c'est l'établissement dans le
Milanais de deux grands canaux dérivés du Tessin et de
l'Adda; ces canaux, en effet, assurent l'irrigation de plus
de 100 000 hectares de terrain, dont une grande partie
était antérieurement à peu près improductive, tandis que
c'est là aujourd'hui le territoire le plus riche, le plus fertile peut-être de l'Europe. Et s'il était besoin de prouver,
en passant, de quel intérêt était aux yeux des Italiens de
ce temps-là la propriété et l'usage des eaux courantes si

[1] Arcadius monta sur le trône d'Occident à l'âge de neuf ans, à
la mort de son père Théodose, en 395.
[2] Carlo Berti Pichat, loco citato.
[3] Pareto, loco citato.

utilement employées, nous pourrions constater que souvent les républiques, les communes italiennes, ont pris les armes les unes contre les autres à propos de dissentiments sur des questions purement hydrauliques[1] : Reggio, par exemple, contre Modène, en 1185 ; la république de Lodi contre les Milanais, en 1286, etc.[2]

Messieurs, on a cru faire à la mise en pratique des irrigations une objection bien sérieuse en disant que pour arroser un pays, pour y installer un système rationnel d'irrigations, il fallait nécessairement, indispensablement, y trouver de l'eau en quantité suffisante. Je suis loin de contester une vérité proverbiale : sans nul doute si l'on a à sa disposition de nombreux cours d'eau, on sera placé dans les conditions les plus simples, les plus favorables, au point de vue de l'économie surtout ; mais dans une contrée où il n'y a pas d'eau à la surface du sol, on peut quelquefois en faire naître, en recueillir, en amasser, ou tout au moins en amener. Ces divers procédés seront examinés ultérieurement ; mais on pourra déjà se convaincre que les pays dans lesquels l'irrigation est le mieux

[1] *Rapporto sulle acque d'irrigazione nella Lombardia,* fatto al VIII° congresso scientifico Italiano.

[2] *Sigonii opera,* t. II, page 814.

Les habitants de Reggio et de Modène en vinrent aux mains, en 1185, pour la défense de leurs droits respectifs sur les eaux de la Secchia, rivière qui descend des Alpes maritimes et passe entre les deux villes en se dirigeant vers le Pô. Ils se firent la guerre pendant près de vingt ans, jusqu'en 1202, époque où leur différend fut arrangé par l'arbitrage officieux des podestats de Parme et de Crémone.

En 1285, les Milanais eurent un grief de la même nature contre la république de Lodi, à propos du canal de la Muzza, dont elle détournait les eaux à son profit. Ce n'est qu'un an plus tard qu'Ottone Visconti parvint à terminer ce débat à la satisfaction des deux parties.

entendue ne sont pas toujours ceux dans lesquels on peut
disposer de la plus grande quantité d'eau, si l'on veut
bien suivre l'exposé que je vais présenter, sans tarder
davantage, des ressources de la Lombardie et du Piémont
à cet égard. Il est incontestable, en effet, que si les ef-
forts persévérants des Lombards ne leur avaient pas ap-
pris à profiter le mieux possible des avantages de la
position topographique de leur pays, à rechercher, à
utiliser les sources souterraines qui donnent naissance aux
fontanili, la Lombardie ne posséderait pas la moitié de
l'eau dont peut disposer le Piémont. Mais nous reconnaî-
trons bientôt que l'on est très-loin de tirer parti des eaux,
en Piémont, avec autant d'ordre, de méthode, qu'en Lombardie, ce qu'il faut moins attribuer peut-être à l'absence,
dans certaines localités, de réglements protecteurs, qu'aux
cultures spéciales que l'on pratique dans le premier de
ces pays. Par cela même, d'ailleurs, que la nature s'y est
montrée très-prodigue d'eaux courantes, on n'a malheureusement pas (je dis *malheureusement* au point de vue
de la salubrité surtout), on n'a pas éprouvé le même
besoin d'en user avec discrétion.

État hydrographique de la Lombardie. — La Lombardie tire les eaux qui servent à ses irrigations des
Alpes, des lacs, des fleuves, des canaux, enfin des *fontanili.*

Les *chaînes de montagnes,* dont plusieurs sommets atteignent jusqu'à 3 et 4 000 mètres d'élévation, dont quelques-uns dépassent ce dernier chiffre, avec leurs immenses
glaciers et leurs neiges perpétuelles, fournissent de l'eau
d'une manière incessante, et avec la plus grande abondance lorsque les fortes chaleurs de l'été en rendent
l'emploi le plus opportun, le plus urgent. Les Alpes
mettent en outre ces heureuses contrées à l'abri des vents
glacés du nord, et contribuent ainsi à y entretenir une

douce température éminemment favorable au développement des effets que l'on est en droit d'attendre des irrigations. La grande vallée du Pô, renfermée entre les
Alpes au nord et à l'ouest, et les Apennins au midi, est
entièrement ouverte du côté de la mer Adriatique ; les
vents d'est, le *sirocco* lui-même, habituellement chargés
d'énormes quantités de vapeurs, peuvent ainsi arriver li-
brement sur les cimes des Alpes, où ces vapeurs se condensent et se solidifient en grande partie. Cette chaîne
de montagnes si imposantes, dont le Mont-Rose, avec
ses 4621 mètres d'élévation, est le point le plus élevé, et
qui renferme aussi le Simplon et le Saint-Gothard, etc.,
alimente le lac Majeur, le lac de Côme et un grand nombre d'autres lacs, en même temps que, sur le versant oc-
cidental, elle donne naissance aux sources du Rhône, du
Rhin, etc.

Ces *lacs*, que le voyageur a tant à admirer et qui étalent
à ses regards des tableaux variés d'une si merveilleuse
magnificence, jouent dans l'Irrigation lombarde un rôle
des plus intéressants. Placés au pied même des plus
hautes montagnes, ils reçoivent toutes les eaux glacées
des torrents, calment, arrêtent leur impétuosité dévasta-
trice, les dépouillent de toutes les matières solides qu'elles
entraînent, les réchauffent enfin, ce qui n'est pas sans
importance, comme nous le verrons. Je ne saurais trop
appeler l'attention sur l'heureux effet de ces arrangements
naturels, sans lesquels les eaux des rivières, coulant le
long des pentes rapides dans des lits étroits, encombrés
de rochers, eussent été pour l'agriculture un fléau redou-
table au lieu de lui venir en aide d'une manière si pro-
videntielle.

Voici donc un tableau de ces lacs avec l'indication de
leur position, de leur superficie et les noms des cours
d'eau qui en émanent :

3

	Cours d'eau qu'ils alimentent.	Élévation au-dessus du niveau de la mer.	Profondeur maxima.	Superficie.
Lacs principaux.				
Lac Verbano ou lac Majeur.........	Le Tessin.	194 69	800 »	200 »
Lac Ceresio ou lac de Lugano......	La Trésa.	272 37	161 »	48 »
Lac Lario ou lac de Côme..........	L'Adda.	198 72	588 »	142 »
Lac Serbino ou lac d'Isée.........	L'Oglio.	191 84	300 »	60 »
Lac Benaco ou lac de Garde......	Le Mincio.	69 16	584 »	300 »
Lacs secondaires.				
Lac de Mantoue...	Le Mincio.	19 47	8 50	5 20
— de Varese...	Le Bardello.	235 55	26 »	16 »
— de Comabio..	Torrt de Varano	239 98	7 50	3 90
— de Pusiano..	Le Lambro.	259 16	30 »	6 70
— d'Oggiono...	Le Ritorto.	225 69	15 »	7 »
— de Spinone..	Le Chorio.	» »	» »	2 20
— d'Idro.......	La Chiese.	378 65	122 »	14 10
Lacs plus petits, au nombre de 200 environ...........				200 »
Superficie totale des lacs...				1005 10

La superficie totale de la Lombardie étant de 21 567 kilomètres carrés [1]; si l'on admet, avec divers auteurs italiens, que la partie susceptible de recevoir des irrigations, les plaines, ne comptent guère que pour la moitié dans ce chiffre, on voit qu'en Lombardie l'étendue des vastes et

[1] Carlo Berti Pichat, loco citato.

nombreux réservoirs ménagés par la nature est tout près
d'atteindre le dixième de la surface des terrains que l'on
peut avoir à arroser.

Les *fleuves*, les cours d'eau de ce beau pays, ne sont
normalement utilisés pour l'irrigation qu'après qu'ils sont
sortis des divers lacs où leurs eaux se sont reposées, ré-
chauffées, comme nous venons de le dire. Les lacs agissent
à leur égard tout à fait comme de véritables régulateurs
hydrauliques ; aussi la constance de leur cours, l'unifor-
mité de leur régime, sont elles assurées, à de très-légères
variations près [1]. Ils sont, de plus, habituellement encaissés
dans les terrains d'alluvion qu'ils traversent pour venir se
jeter dans le Pô.

On sait combien ces alluvions sont considérables tout le
long du cours du fleuve, et particulièrement sur les côtes
de l'Adriatique. En se plaçant à ce nouveau point de vue,
on ne saurait trop faire ressortir encore de quelle importance il était que les eaux des rivières septentrionales
de la Lombardie vinssent se réunir dans de vastes bassins
naturels pour y déposer leur inévitable bagage d'impuretés.
Si elles n'avaient pas trouvé à se débarrasser ainsi de leur
vase, elles auraient augmenté le peu de limpidité des eaux
du Pô, elles auraient contribué à élever plus rapidement
le niveau des terrains d'alluvion dont je parle ; elles
auraient pu être employées, comme celles de l'Ombrone
toscan, à combler des marais, à couvrir de terre végétale
et à fertiliser des bas-fonds incultes, mais, comme nous le
verrons, elles auraient été impropres aux irrigations.

Il ne faut pas s'étonner, d'ailleurs, que les eaux du Pô

[1] La différence de niveau entre les plus hautes et les plus basses
eaux s'est élevée cependant, dans certains cas, jusqu'à 6ᵐ,39 pour
le lac Majeur, jusqu'à 4ᵐ,17 pour le lac de Côme. Le Tessin et
l'Adda ont alors subi exceptionnellement des crues de 3 à 4 mètres.

lui-même ne soient pas utilisées pour des irrigations importantes. D'abord on n'en a pas besoin; puis, en les empruntant à ses nombreux affluents avant qu'ils ne se réunissent à lui, on évite toute la dépense, toutes les difficultés qui résulteraient de l'établissement des prises d'eau, du croisement de ces divers cours d'eau et des canaux de dérivation.

Je voudrais n'omettre, Messieurs, aucune des circons-tances naturelles qui facilitent à un si haut degré la pra-tique des Irrigations en Lombardie, et je ne puis négliger de vous faire remarquer encore combien la pente géné-rale du sol, des Alpes jusqu'à la mer, est régulière et favorable.

Le Pô, au point où il reçoit les eaux du Tessin, est élevé de 57 mètres au-dessus du niveau de la mer; à l'autre extrémité du territoire de la Lombardie propre-ment dite, la différence du niveau n'est plus que de 7 mètres. C'est ainsi de 50 mètres de pente que l'on peut disposer dans les plaines environnantes; et il est bien évident que tous les affluents du Pô sont placés dans des conditions encore plus avantageuses, et possèdent, même en sortant des lacs qui modèrent leur course, une vitesse plus grande que celle du Pô. Le Tessin, par exemple, qui quitte le lac Majeur, comme on vient de le voir, à 194 mètres au-dessus du niveau de la mer, et qui vient aboutir au Pô à 57 mètres seulement au-dessus du même niveau, a par conséquent une pente très-considérable que l'on évalue à 1^m,305 par kilomètre, et qui est, à très-peu près, égale à la pente de l'Adda.

J'aurais désiré pouvoir vous dire exactement quelle étendue du sol lombard chacun des divers cours d'eau sert à arroser. Je n'ai pu réunir à ce sujet d'autres don-nées que les suivantes, relatives aux huit cours d'eau les plus considérables:

COURS D'EAU.	LACS d'où ils sortent.	DÉBIT		SURFACE de terrain irriguée[2]	
		en pouces milanais[1]	en mètres cubes.	en été.	en hiver.
				p. m.	p. m.
Tessin.......	Lac Majeur.	1 234	55 12	470 000	10 300
Adda........	Lac de Côme.	2 415	107 88	1 117 600	15 600
Brembo......	»	204	9 11	109 500	»
Serio........	»	334	14 92	176 800	»
Oglio........	Lac d'Isée.	1 835	81 97	1 070 000	»
Mella.......	»	290	12 95	145 200	»
Chiese......	Lac d'Idro.	552	24 66	299 000	»
Mincio	Lac de Garde.	336	15 01	86 000	»
		7 200	321 62	3 474 100	25 900
Pour tous les autres cours d'eau, torrents, etc., et pour les eaux de source, environ		1 440	64 32	725 900	5 100
Totaux généraux..		8 640	385 94	4 200 000	31 000

De ce tableau, si l'on veut bien considérer les chiffres qui y sont inscrits comme suffisamment approchés de la vérité, on conclurait donc que l'irrigation s'étend en

[1] Le pouce d'eau milanais est le volume de ce liquide qui s'écoulerait à l'air libre et par seconde d'un orifice rectangulaire de quatre pouces (0^m,20) de hauteur, trois pouces (0^m,15) de largeur, sous une charge constante de deux pouces (0^m,10). Ce débit est de 44^{lit},67 par seconde ; c'est là le chiffre officiellement adopté. Cette mesure date de 1571.

[2] Les surfaces sont exprimées en perches métriques milanaises qui équivalent chacune à 10 ares environ, ce qui facilite singulièrement la réduction en hectares.

Lombardie sur près de 425 000 hectares de terrain [1], en nombres ronds.

Après avoir reconnu tout ce que la nature a fait pour la Lombardie, tout ce que cette province doit à la douceur de son climat, constatons encore, pour être juste, que ses populations ont donné des preuves incontestables d'intelligence, de persévérance, de savoir ; que c'est avec juste raison que les auteurs italiens tirent orgueil des remarquables travaux d'art entassés dans une étendue de pays aussi restreinte, travaux destinés à protéger le sol contre les invasions des eaux aussi bien qu'à se servir utilement de celles-ci [2]. Ce qui va suivre vous fera, je l'espère, partager cette opinion [3] ; et, pour abréger, pour

[1] Les chiffres que je présente ici, d'après les divers renseignements que j'ai pu recueillir, loin d'être exagérés semblent au contraire être restés un peu au-dessous de la vérité. M. R. Baird Smith, déjà cité, arrive en effet, après une étude analogue, aux conclusions suivantes :

« En Lombardie, un sixième de la superficie totale de la plaine,
» ou un cinquième de la surface cultivée, est soumis à l'irrigation.
» L'étendue sur laquelle a lieu l'irrigation d'été est de 429 000 hec-
» tares environ ; celle d'hiver en comporte 50 000. »

Or, bien certainement, depuis 1852, l'étendue des terrains irrigués loin de décroître n'a pu qu'augmenter sensiblement encore.

[2] Cattaneo (*Notizie nat. e civ. sulla Lombardia*, Introduction) dit : « È una scortese e sleale asserzione quella che attribuisce ogni
» cosa fra noi al favore della natura ed al amenità del cielo ! e se
» il nostro paese è ubertoso e bello, e nella regione dei laghi forse
» il più bello di tutti, possiamo dire eziandio che nessun popolo
» svolse con tanta perseveranza d'arte i doni che le confidò la
» cortese natura. »

[3] L'histoire des canaux principaux ou canaux de l'État présente aussi de nombreuses circonstances qui ne font pas moins honneur au peuple pris en masse que l'exécution des canaux secondaires n'en fait aux particuliers qui les ont construits à leurs frais. Au milieu du seizième siècle, par exemple, le canal Martesana fut

éviter les redites, je crois devoir me dispenser de vous présenter ici une classification difficile à établir, une nomenclature âride et confuse de tous ces ouvrages, de tous ces *canaux* presque innombrables. Je me bornerai à dire que les grands canaux artères ont un développement de 214 kilomètres, et que les embranchements principaux (au nombre de 353) atteignent le chiffre de 5679 kilomètres jusqu'à l'Adda seulement, sans compter 1100 à 1200 kilomètres au delà de cette rivière.

Mais je ne peux passer entièrement sous silence les

trouvé insuffisant pour les besoins de la contrée. Non-seulement des terres parfaitement propres à l'irrigation ne pouvaient obtenir d'eau, mais la navigation était exposée à de fréquentes interruptions. Pour mettre un terme aux plaintes du public, les magistrats de Milan résolurent, en 1572, d'élargir le canal dans toute sa longueur. Ce travail était d'autant plus difficile qu'une partie de la Martesana était creusée dans le roc vif. Comme les intérêts des cultivateurs riverains exigeaient qu'il restât fermé le moins longtemps possible, et les fonds nécessaires ayant été généreusement offerts par un petit nombre de propriétaires, les travaux furent entamés sans retard avec un enthousiasme unanime et une incroyable activité. Trois cents maçons attaquèrent le roc simultanément, sur une hauteur de 40 à 60 pieds et sur une étendue considérable. En même temps, une multitude de terrassiers travaillaient à l'excavation et jetaient la terre dans des bateaux qui allaient se décharger dans l'Adda. Sur toute la longueur du lit mis à sec les ouvriers étaient si nombreux et travaillaient avec une telle ardeur à creuser le canal, à tailler les pierres, à poser les fondations, à bâtir la maçonnerie, etc., qu'on eût dit d'un essaim d'abeilles occupées à se construire une ruche. La crainte du mauvais temps venant encore stimuler leur zèle, la besogne marcha sans interruptions : la nuit, toute la ligne était éclairée par les étincelles de l'acier sur le roc. Les magistrats de Milan vinrent en corps visiter les ateliers et encourager les travailleurs ; dans les limites de temps prescrites, l'entreprise fut menée à bonne fin et solennellement close par le Gouverneur en personne. (D'après Settala.)

moyens employés spécialement en Lombardie pour faire servir à l'irrigation les eaux souterraines elles-mêmes, pour obtenir des *fontanili*.

Il semble que l'on peut se rendre compte bien aisément de l'existence de ces eaux souterraines, si l'on réfléchit à la présence au pied des Alpes des profonds réservoirs naturels déjà signalés, et à la pente très-prononcée du nord au sud de tout le territoire lombard; ces eaux émanent, sans nul doute, des grands lacs; elles s'ouvrent des voies souterraines en suivant les couches de terrain imperméables, se bifurquent à l'infini, d'après la nature et les accidents du sous-sol; elles viennent sourdre en quelques points, y font croître des plantes marécageuses, y donnent naissance à des eaux croupissantes, à une humidité continuelle qui n'est pas sans danger pour la salubrité publique [1].

Si l'on creuse le sol en quelques-uns de ces points-là, on voit l'eau apparaître ordinairement à une faible profondeur; on élargit alors l'excavation du côté où se manifestent ces surgeons d'eau, et l'on a formé ainsi ce qu'on nomme la tête [2] du *fontanile*. On dirige les eaux qui s'y

---

[1] Della mal'aria in vicinanza d'alcuni fontanili d'irrigazione, Memoria letta all'Instituto di Milano dal Bellani.

[2] La tête du *fontanile* a quelquefois une forme irrégulière et le plus ordinairement celle d'une poire dont la queue représenterait alors l'*asta* du *fontanile*. Elle peut être entièrement en déblai, ou bien en déblai d'un côté et en remblai de l'autre; elle est convenablement revêtue en clayonnage, quand le terrain n'a pas une consistance suffisante.

On place dans l'intérieur des tonneaux en bois cerclés de fer, analogues à ceux qu'on dispose en certains cas au fond de nos puits, pour empêcher que les surgeons d'eau, que les *œils* des *fontanili* ne soient obstrués, ce qui ne manquerait pas d'arriver sans cette précaution, à cause de l'extrême mobilité des couches de sable dans lesquelles règnent habituellement ces sources. Si

rassemblent en plus ou moins grande abondance, suivant les circonstances locales, dans un canal étroit qui prend le nom de *asta* (manche), pour les employer, à une plus ou moins grande distance, à l'arrosement des terrains inférieurs. Les têtes de *fontanili* sont habituellement plantées d'arbres; et leur aspect, grâce à leur eau si limpide, au vert feuillage qui les entoure, à la fraîcheur qui y règne, au murmure incessant des sources, est d'un effet très-pittoresque.

Ces eaux souterraines présentent cette particularité remarquable qu'elles sont très-fraîches l'été et presque tièdes pendant la froide saison. Les cultivateurs lombards l'ont bien vite remarqué; ils ont imaginé d'appliquer ces eaux tièdes à l'irrigation pendant l'hiver, et obtiennent, à ce que l'on m'a assuré, les résultats les plus surprenants, en développant, en accélérant ainsi la végétation des plantes alors qu'elle n'a encore lieu nulle part ailleurs. On tire, en règle générale, cinq récoltes d'herbe dans l'année des prairies cultivées ainsi à *marcita*.

l'on ne distingue pas bien aisément d'abord les points où sont les œils, où il faut placer les tonneaux, on n'a qu'à attendre un peu de temps, en été : le cresson pousse rapidement aux points où l'eau arrive, et révèle ainsi la présence de ces œils.

Le creusement de *l'asta* met souvent à découvert de nouvelles sources qui viennent augmenter le volume d'eau fourni par le *fontanile*. On donne à ce canal une pente de 1 mètre pour les 200 premiers mètres de longueur; au delà, la pente peut être beaucoup moindre. En jaugeant *l'asta* comme un cours d'eau quelconque et par les procédés ordinaires, on peut toujours estimer aisément le produit d'un *fontanile*.

Je me laisse aller à parler avec quelques détails de ces *fontanili*, parce qu'il me semble qu'il ne serait peut-être pas impossible d'en créer tout près de Metz, dans la plaine du Sablon, où l'on trouve habituellement de l'eau à une si faible profondeur au-dessous du sol.

« Nous parcourions, » dit M. Smith, « des prairies vertes

Il faut noter que les *fontanili* ne se rencontrent guère que dans une certaine zone de terrain en Lombardie; rarement aussi on en trouve plus de huit ou dix par commune. Le district de Melzo, dans le Milanais, composé de vingt-sept communes, compte 196 têtes de *fontanili* [1]. Il est bien évident que ce sont là de véritables sources naturelles, et il est permis de se demander pourquoi l'on ne chercherait pas à imiter ce que l'on fait à cet égard en Italie, dans les diverses localités où les eaux ne se montrent pas à la surface du sol.

On comprendra d'ailleurs le zèle avec lequel on a dû se livrer, en Lombardie, à la recherche de ces sources souterraines, quand j'aurai dit qu'elles fournissent à elles seules la sixième partie environ de toute l'eau consacrée à l'irrigation; quand j'aurai ajouté que, dans ces contrées, le pouce d'eau vaut jusqu'à 12 000 livres italiennes [2], 14 000 francs.

Ce sont des travaux de cette nature qui ont donné lieu à la construction de canaux appartenant à des particuliers, constituant aujourd'hui de véritables propriétés privées, comme ceux des familles Litta, Visconti, Borromeo, Melzi, Belgioioso, Cattaneo, Barinelli, etc.

État hydrographique du Piémont. — Je n'ai pas l'in-

comme au printemps, bien qu'il ne restât pas une feuille aux arbres d'alentour. Ces champs étaient les *marcite* ou prairies d'hiver de l'Italie septentrionale, espèce de culture limitée, je crois, aux plaines du Piémont et de la Lombardie, et à laquelle je n'ai rien vu d'analogue ailleurs. Ces prairies produisent de l'herbe fraîche pendant toute la saison d'hiver.

Les particuliers ont toute liberté d'établir sur leur terrain des *fontanili*, à la condition toutefois que les têtes en soient distantes d'au moins 300 brasses des têtes des *fontanili* les plus voisins; la propriété leur en est garantie.

[1] La *lira* ancienne vaut 1f,17.

tention, Messieurs, d'examiner maintenant avec autant
de détails quelles sont les ressources du Piémont propre-
ment dit, en fait d'irrigations. J'ai avancé tout à l'heure,
d'accord avec plusieurs auteurs italiens [2], que les Pié-
montais n'ont pas mis les mêmes soins que les Lombards
à recueillir, à employer les eaux qui sont si abondantes
sur leur territoire; qu'ils en versent habituellement sur
un seul hectare autant qu'il en faudrait pour en arroser
dix d'une manière plus méthodique. Quelques mots seulement pour constater tout ce que la nature a fait aussi
pour ce pays privilégié.

Les différents contre-forts qui relient la majestueuse
chaîne des Alpes aux prairies du Piémont et sont dirigés
à peu près normalement à la direction générale de cette
chaîne, ne forment pas moins de trente-six vallées s'ou-
vrant du côté du Piémont, dans chacune desquelles les
eaux de divers torrents alpestres se sont réunies, se sont
creusé un lit pour former un cours d'eau plus ou moins
important. Les principales de ces vallées sont celles du
Tanaro, de la Stura, de la Dora riparia, de la Dora baltea,
de la Tocca, et même, si l'on veut, celle du Tessin. La
plus intéressante est la vallée supérieure du Pô, dans
laquelle prend naissance ce grand fleuve qui reçoit les
eaux de toutes les différentes rivières [3].

Si l'on réfléchit que la chaîne des Alpes ne compte pas
moins de quatre-vingts sommets très-élevés, dont quelques-uns atteignent et dépassent même 4000 mètres de

[1] Je ne m'occuperai ni de la Ligurie, ni de la Savoie.
[2] Par exemple Lombardini, etc.
[3] Le Pô, sortant du Mont-Viso, au point de jonction des Alpes
cottiennes et des Alpes maritimes, coule au nord-est sur une longueur de 72 kilomètres jusqu'à Turin. Son cours total est d'environ
547 kilomètres, dont 450 sont navigables.

hauteur ; si l'on reconnaît que les vallées transversales n'ont que quelques lieues, souvent même que quelques kilomètres de longueur, on comprendra avec quelle rapidité toutes les eaux doivent se précipiter vers le Pô, vers la mer ; et cela explique, soit dit en passant, pourquoi les régions supérieures de ces montagnes, bien au-dessous des neiges perpétuelles, restent nues, incultes, ne présentent pas de traces de végétation [1].

On trouve en Piémont un grand nombre de *lacs :* il n'y en a pas moins de 241, en totalité ; mais ils ont généralement une importance bien secondaire, et une étendue beaucoup moindre que ceux de la Lombardie.

Sans parler du lac Majeur, dont les eaux semblent particulièrement utilisées dans cette dernière contrée, on peut citer les lacs d'Orta, de Margozzo, de Viverone, près d'Ivrée, le petit lac de Barengo et celui d'Avigliana...... Mais par cela même que ces réservoirs naturels étaient insuffisants pour les besoins de l'irrigation piémontaise, on a été amené à construire, dans plusieurs localités, des réservoirs artificiels plus ou moins vastes, ce qui est de trop bon exemple pour que je ne m'y arrête pas un instant. J'ajouterai même qu'en certains endroits, on recueille dans ces réservoirs les eaux des fumiers, que l'on y jette même des fumiers en assez grande quantité, pour obtenir des irrigations qui fertilisent le terrain à un bien plus haut degré.

Sur les seuls territoires de Turin et d'Alba on trouve les suivants [2] :

[1] *Le Alpe che cingono l'Italia considerate militarmente.* Torino, 1845.
[2] Pareto, loco citato.

	Super-ficie.	Profon-deur maxima.	Nature et étendue des terrains arrosés.
	hect.	m	
Réservoir de Ternavasio	40	5 »	60 hectares de prairies autrefois improductives.
—　　　des Olivieri	6	3 »	7 hectares de prairies.
—　　　de Colombero	4	2 50	Plus de 13 hectares id.
—　　　de Gallina…	4	1 50	Plus de 8 hectares id.
—　　　de Palermo..	5	3 »	Composé de deux réservoirs; arrose plus de 9 hectares.
—　　　de Pratolero..	4	2 »	8 à 10 hectares.
—　　　de Monsgian..	2	2 50	5 à 6 hectares.
—　　　de Pralormo..	»	18 »	280 hectares. C'est le plus célèbre de tous: il a été construit sous la direction du général Barabino.

Quant aux *cours d'eau*, nous venons de voir combien ils sont nombreux en Piémont: leur régime est moins régulier sans doute que celui des rivières alimentées par les grands lacs de la Lombardie, mais ils fournissent de l'eau très-abondamment pendant tout le cours de l'année. C'est entre l'Orca et le Tessin que l'on pratique surtout les irrigations, en Piémont, sur les territoires d'Ivrée, de Verceil, de Novare, de Mortara, de Vigevano. Dans toute cette région on ne voit, on ne rencontre que canaux, grands et petits, ruisseaux d'eau vive, rigoles d'irrigation. Sans parler des rizières qui sont toujours dans l'eau, à tort ou à raison, jusqu'au moment de la récolte du riz, les prés, quelques champs eux-mêmes ne sont pas seulement arrosés, mais tout à fait inondés d'une manière à

peu près permanente. Il y a là incontestablement un grand
excès d'arrosement. Il faut ajouter que les rizières ne sont
qu'un cas tout particulier, et peu intéressant pour nous,
des irrigations. Les livres d'agriculture italiens appellent
cela de la culture dans l'eau, de la culture humide (*umida
coltivazione*).

Enfin il y a, en Piémont, bon nombre de canaux royaux,
de canaux appartenant à des particuliers. Les principaux
sont : le canal de Caluso, alimenté par l'Orca ; ceux
d'Ivrée, de Cigliano, du Rotto, venant de la Dora Baltea ;
la Sésia fournit deux embranchements sur Gattinara, à
droite, trois autres à gauche, qui prennent les noms de
Mora, Busca, Riva-Birago. Du Tessin dérivent les canaux
navigables de Langosco et Sforzesca ; de la Bormida, le
canal Charles-Albert.

Voici, pour en finir avec ces détails préliminaires, et
suivant Nadault de Buffon, l'étendue de terrain dans laquelle ces divers canaux portent les bienfaits de l'irrigation :

Les canaux royaux arrosent...............	41 800 hect. ;
— dérivés du Tessin (r. droite) arrosent...............	21 600 —
— dérivés de la Sésia arrosent.	16 000 —
— Charles-Albert arr....	2 000 —
— secondaires arrosent........	20 000 —
— plus petits des vallées supé-rieures arrosent........	8 600 —
Total........	110 200 hect.

Dans la partie est du Piémont, du côté du Tessin, dans les
districts de Vercelli, de Novare, de Mortara, on trouve des
sources souterraines, des *fontanili* qu'on fait servir à l'irrigation. On compte, dans cette région, jusqu'à quatre-vingt-

quatorze petits canaux alimentés de cette façon, ayant une longueur totale de 752 kilomètres et arrosant 22 000 hectares, dont le revenu est augmenté, par ce moyen, de 750.000 francs par année.

En résumé, la plaine piémontaise ayant plus de 525 000 hectares d'étendue, et sur ce chiffre 360 000 seulement étant susceptibles de culture, l'irrigation n'en embrasse guère que le tiers (110 000 hectares, suivant quelques auteurs, 124 000, selon d'autres) ; à cela il convient d'ajouter 70 000 hectares irrigués directement sur les versants des montagnes et dans les vallées supérieures. Mais enfin, tous comptes faits, le Piémont ne répartit ses eaux d'irrigation si abondantes que sur une étendue de terrain moitié environ de celle qui est irriguée en Lombardie.

Pour conserver un peu d'ordre et de clarté dans l'étude de cette question que je voudrais bien me faire pardonner d'avoir osé aborder devant vous, Messieurs, il faut maintenant, ce me semble, dire à quelles règles sont et doivent être soumises les irrigations ; décrire les procédés appliqués classiquement en Lombardie, avant de parler des avantages matériels que l'on en retire et que l'on est en droit d'en attendre partout où l'on saura les mettre en usage avec intelligence.

Je suis parti de ce principe incontestable de Chimie végétale que l'eau est indispensable au développement des plantes ; les diverses questions à se poser tout d'abord après cela sont les suivantes : comment, à quelles époques de l'année, en quelle quantité faut-il donner de l'eau aux plantes qui font l'objet de cultures agricoles ? Quelle influence peuvent avoir la qualité, la température des eaux, la nature du sol, le climat ?.....

Comment faut-il donner de l'eau aux végétaux ? — Pour fournir à tous les végétaux cette eau que nous avons reconnu être nécessaire à leur croissance, la nature, dans son inépuisable prévoyance, n'a pas manqué de déposer dans l'atmosphère d'énormes quantités de vapeurs d'eau, fournies en partie par les animaux et les végétaux eux-mêmes, ou bien qui y sont amenées en abondance par l'évaporation spontanée de toutes les eaux répandues à la surface du globe. Ce sont ces vapeurs qui, par l'effet du rayonnement nocturne, se condensent, se déposent en gouttelettes de rosée sur les parties vertes des plantes; ce sont elles qui s'élevant dans les régions supérieures et refroidies de l'atmosphère, y donnent naissance à la neige, à la pluie. Les pluies, sans nul doute, quand elles sont accompagnées de grêle, de vents impétueux, quand elles tombent avec violence, ne sont pas toujours bienfaisantes; mais il paraît évident toutefois que c'est sous forme de pluie que la nature a voulu donner le plus habituellement de l'eau aux végétaux; et, comme on n'est jamais plus disposé à convenir, avec le Fabuliste, que « Dieu a bien fait ce qu'il a fait » que lorsqu'on étudie la création dans quelques-uns de ses admirables détails, il peut sembler que la pratique des irrigations est presque contre nature, et par conséquent qu'elle doit laisser beaucoup à désirer.

Les irrigations ne remplacent certainement pas les pluies, et je n'en veux citer pour preuve qu'un fait dont j'ai moi-même été témoin en Lombardie. De vastes rizières des environs de Pavie, dont le sol était entièrement couvert d'eau, et qui semblaient souffrir malgré cela des accablantes chaleurs de juillet, ont pris, sous nos yeux, après une pluie bien réglée qui n'a pas duré moins d'une heure, une fraîcheur nouvelle, et ont complétement changé d'aspect.

Quelles sont donc les propriétés de ces eaux de pluie? Et ne pourra-t-on pas obtenir, au moins en partie, les mêmes avantages par l'irrigation?

L'eau de pluie arrive près de terre divisée en un grand nombre de petites gouttes qui se répartissent uniformément et sur le terrain et sur la plante elle-même; qui lavent les feuilles et les tiges de cette dernière, en même temps qu'elles pénètrent jusqu'aux racines. Cette eau a pris, en traversant les couches d'air inférieures, une température très-adoucie; elle s'y est chargée de principes utiles qui n'altèrent pas cependant sa pureté, et qui, étant gazeux, ne risquent pas d'obstruer les pores des plantes par l'effet de l'évaporation. Cette évaporation elle-même n'est-elle pas arrêtée, pour ainsi dire, pendant qu'il pleut? Et puis, d'ailleurs, qui sait, car tout est mystère pour nous dans la nature, qui sait si ces gouttelettes de pluie qui se succèdent si rapidement, n'établissent pas, n'activent pas une relation momentanée entre l'électricité terrestre et les fluides électriques amoncelés dans le ciel nuageux où ils enfantent les orages?

Méthode par arrosement. — On peut presque conclure déjà de ce qui précède, que si l'on arrosait une prairie, par exemple, en imitant le mieux possible la nature, en se servant d'appareils convenables, analogues aux arrosoirs de nos jardiniers, on ne ferait pas aussi bien que la nature, sans doute, mais un peu mieux peut-être que l'irrigation. Il est facile de démontrer de plus qu'on trouverait à cela une réelle économie, au point de vue de la quantité d'eau à employer.

On admet en effet, en Lombardie, qu'il convient et qu'il suffit d'arroser les prairies quinze fois dans une année[1]; qu'il faut y verser chaque fois une hauteur de 3 centimètres d'eau environ. Pour un seul hectare, cela ferait 300 mètres cubes à chaque arrosage, et 4500 mètres

---

[1] Voir plus loin le petit tableau qui donne la dépense moyenne d'eau, par année, pour les diverses cultures.

cubes en totalité. Or, supposons qu'au lieu d'arroser ainsi quinze fois nous puissions faire tomber quinze fois l'eau de pluie, aux jours et aux heures auxquels on pratiquerait l'irrigation. C'est beaucoup ' incontestablement d'admettre que cette pluie sera assez abondante pour élever de 15 millimètres le niveau d'un pluviomètre voisin. Mais enfin, en adoptant même ce chiffre, cela ne ferait que 22 centimètres $\frac{1}{2}$ pour les quinze journées de pluie, que 2250 mètres cubes pour la dépense d'eau annuelle : et l'on aurait consommé avec l'irrigation tout juste une quantité double d'eau.

Sans en appeler enfin aux principes de la Physiologie végétale, sans chercher à prouver, ce qui serait facile, qu'il convient de donner de l'eau à la plante tout entière et non-seulement à ses racines, remarquons au moins que les parties herbacées en sont fréquemment couvertes de poussière, d'œufs ou de larves d'insectes, de mousses, de végétations parasites; que ces causes diverses produisent souvent l'altération des tissus, engendrent de véritables maladies. Des pluies régulières tombant à des intervalles de temps convenablement rapprochés, peuvent atténuer sinon prévenir ces effets fâcheux, ce que les irrigations ne sauraient faire.

Je ne me suis attaché, Messieurs, à mettre en lumière les avantages des arrosements que parce qu'ils sont pratiqués maintenant avec un grand succès dans quelques pays.

' J'ai trouvé consignée dans un Traité d'agriculture cette opinion qu'une pluie même de 10 millimètres de hauteur seulement, est plus profitable qu'une irrigation qui atteindrait 5 centimètres de hauteur d'eau. Dans cette hypothèse, les volumes d'eau employés, 1500 mètres cubes et 7500 mètres cubes, seraient dans le rapport de 1 à 5, sans tenir compte des pertes de liquide qui ont lieu dans les canaux, dans les rigoles d'irrigation, etc.

Pour des étendues de terrain peu considérables, on porte le liquide aux points où l'on veut le répandre dans des tonneaux montés sur roues, dans des hottes munies de robinets, de tuyaux, d'ajutages en arrosoir. Depuis assez longtemps, en Flandre, en Allemagne, on arrose ainsi les prairies avec des engrais liquides.

En Angleterre, divers auteurs[1] ont préconisé les arrosements; aussi les y pratique-t-on sur une très-grande échelle. Tout le terrain qu'on veut arroser est sillonné par un réseau de tuyaux en fonte, enfoncés à une profondeur convenable, fermant bien hermétiquement, et communiquant avec des regards placés à des intervalles assez grands les uns des autres, à la surface du sol.

Les eaux sont réunies dans un réservoir près duquel est installée une machine foulante, une pompe de compression actionnée le plus souvent par une machine à vapeur, et qui pourrait très-bien l'être par un manége, dans une exploitation rurale.

Quand il veut arroser, le cultivateur adapte successivement à chacun des regards un tuyau souple en cuir ou en gutta-percha, terminé en arrosoir; et il dirige ensuite les eaux comme il le juge nécessaire, en telle quantité qu'il le trouve convenable. Les Anglais ont introduit par ce moyen, dans ce qu'ils appellent leur haute agriculture *(high farming)*, l'emploi d'engrais très-liquides qu'ils répandent sur le sol sous forme de pluie.

Il est sans doute permis d'admirer ces pratiques, de les recommander à l'attention sérieuse des agronomes; mais il pourrait être dangereux d'entreprendre de les imiter sans avoir fait, froidement, au préalable, le compte des dépenses qu'elles entraînent et du supplément de revenu qu'on en peut retirer.

---

[1] Mechi, Kennedy....

Il ne faut pas perdre de vue les conditions particulières dans lesquelles sont placées les immenses propriétés des grands seigneurs anglais ; ne sait-on pas par exemple ce que leur rapportent leurs bêtes à cornes de certaines races dont les prix sont si élevés ?[1]

Occupons-nous donc de préférence, Messieurs, du plus grand nombre des cultivateurs, de ceux qui ne peuvent pas faire de la *haute agriculture ;* revenons aux Irrigations proprement dites.

Qualité des eaux d'irrigation. — La qualité des eaux d'irrigation mérite d'être prise en sérieuse considération : et l'analyse chimique devrait d'autant plus être toujours appelée à éclairer, à cet égard, ceux qui veulent les employer, qu'elle leur indiquerait complémentairement quelquefois des procédés simples pour en corriger les propriétés nuisibles.

L'eau quand elle a été débarrassée, par la distillation, des sels qu'elle avait dissous, l'eau chimiquement pure ; l'eau qui ne renferme ni air, ni acide carbonique, comme si elle avait été soumise à l'ébullition, ne conviennent ni l'une ni l'autre pour l'irrigation.

Sur les versants des Alpes, les eaux torrentueuses se sont bien vite aérées[2] en roulant de rocher en rocher, en se précipitant en poussière de cascatelle en cascatelle. Le long des canaux et des rivières, dans la plaine, le passage de ces mêmes eaux sur des digues ou barrages, sur les roues des moulins et des usines, ou bien au travers

---

[1] M. Léonce de Lavergne a raconté qu'après la mort de Lord Ducie, en 1853, à la vente des animaux des domaines de Tortworthcourt, soixante-deux bêtes à courtes cornes ont été payées 234000 fr., 3775 fr. en moyenne ; qu'une vache et son produit ont monté jusqu'à 1010 guinées, 25250 fr.

[2] M. Boussingault attribue la production des goîtres au défaut d'aération des eaux.

d'écluses, de vannes, etc..., contribue à produire le même résultat, que l'on pourrait, que l'on devrait au besoin obtenir d'une manière artificielle.

La présence de sels en dissolution dans l'eau est chose utile, ai-je dit; mais à la condition toutefois que ces sels n'y soient pas en trop grande abondance. Il est certaines eaux qui, si on les laisse reposer quelque temps dans un verre, ne tardent pas à former sur le fond un dépôt sédimenteux et adhérent; ces eaux seraient évidemment nuisibles, puisqu'elles pourraient boucher les pores, les suçoirs des radicelles, en les recouvrant d'une sorte d'enduit solide. Et de là il faut conclure qu'il est indispensable aussi que les eaux d'irrigation non-seulement ne soient pas troubles, mais jouissent d'une grande limpidité; elles devront, comme les eaux à boire[1], bien cuire les légumes, dissoudre le savon, ce qui sera une garantie de leur pureté relative, une présomption en faveur de leurs propriétés dissolvantes[2] à l'égard des sels terreux.

[1] Tanara (l'Econ. dell citad. in villa) résume ainsi les conditions auxquelles doivent satisfaire les eaux de bonne qualité :

> « Quale il seren del ciel l'onda sia chiara
> » Pura, *fresca,* sottil, lucida e lieve.
> » Sia senza odor, non dolce, non amara,
> » E si riscaldi e si raffreschi in breve;
> » Più che nel sasso e in sul terren m'è cara,
> » E cuocer ogni grano ella mi devé. »

La seule épithète de *fresca* (fraîche) ne s'appliquerait pas aux eaux d'irrigation.

[2] L'eau *pure* étant celle dont les propriétés dissolvantes sont en général les plus grandes, il en résulte, chose assez singulière en apparence, que c'est de l'eau *pure* qu'il convient d'employer préférablement à toute autre, préférablement même aux engrais liquides pour l'irrigation de terrains bien gras, bien fumés. Encore un avantage à constater en faveur des eaux de pluie!

A défaut de notions chimiques sur la nature des eaux, les praticiens de la Lombardie jugent que celles-ci sont de bonne qualité quand elles ne proviennent pas directement de la fonte des neiges ou des glaces; quand elles donnent asile à des truites, à des écrevisses, quand la végétation est active dans les environs, que le cresson (*sisymbrium nasturtium*), la véronique (*veronica benabunga*), y prospèrent, et que des algues verdoyantes se meuvent à la surface. Il est essentiel que l'on n'y découvre pas de joncs.

Mais on peut recueillir des indications moins incertaines relativement à la qualité des eaux, en examinant quels terrains géologiques elles viennent de traverser.

Les eaux provenant des terrains calcaires sont réputées très-bonnes; il ne faut cependant pas qu'elles contiennent un excès de carbonate de chaux, ce qui les rendrait incrustantes. Elles sont favorables surtout au développement des plantes légumineuses. Elles ont cela de particulier qu'elles ne semblent communiquer qu'aux premières plantes qu'elles rencontrent la propriété qu'elles possèdent de stimuler la végétation, propriété qui s'altère bien vite au seul contact de l'air ambiant. On assure que dans les prairies, par exemple, les parties où de pareilles eaux arrivent tout d'abord sont bien plus fraîches, plus vertes que le reste du terrain.

Les roches granitiques, feldspathiques, etc... communiquent aux eaux des qualités tout autres dont l'influence se fait plus régulièrement sentir. Ces eaux-ci sont les meilleures, dit-on, pour les graminées: c'est aux sels alcalins qu'elles contiennent que l'on attribue la belle nuance vert foncé qui caractérise la végétation au pied des Alpes.

En parcourant dans toute leur étendue des terrains bien cultivés, bien fumés, de gras pâturages, les eaux d'irrigation se chargent de substances organiques, et, dans ce cas, on a bien soin de les faire servir à l'irrigation de parties plus inférieures du sol.

Quand elles sortent de terrains argileux, maigres, où l'on trouve des bruyères, etc..., elles se troublent souvent, prennent une couleur opaline ; et l'on estime qu'elles sont alors tout à fait nuisibles à la végétation.

Enfin, il est bon d'être prévenu encore, que les eaux provenant de bois, de forêts où dominent les chênes, les châtaigniers, eaux dans lesquelles les feuilles et les autres débris végétaux ont séjourné plus ou moins longtemps, sont peu convenables pour l'arrosement des prairies, quoique très-riches en substances nutritives, à cause de la présence d'un principe astringent, du tannin, qu'elles ont malheureusement acquis.

Si les eaux d'irrigation sont recueillies dans des réservoirs avant d'être versées dans les champs et dans les prairies, rien de plus simple que d'améliorer celles qui ne sont pas bonnes, surtout si l'on s'est donné le soin d'en faire l'analyse. Ainsi la chaux corrige très-bien les eaux ayant en dissolution du sulfate de fer, des principes astringents, les eaux argileuses, et rend plus actives celles qui proviennent de terrains primitifs.

Sans recourir à des notions scientifiques, les cultivateurs lombards savent bien qu'en ajoutant dans leurs réservoirs des engrais des villes, des végétaux en décomposition, ils peuvent amender toutes les eaux et les rendre toutes d'un emploi excellent. Pour faciliter le dépôt des limons argileux ou calcaires en suspension dans l'eau, ils agitent celle-ci avec un peu de fumier frais, du fumier de cheval de préférence.

En Suisse, on place dans les réservoirs, pour le même objet, des branchages de sapin que l'on renouvelle quand ils se sont dépouillés de leurs feuilles, auxquelles les impuretés, les dépôts terreux restent adhérents.

Il faudrait se garder, bien entendu, d'employer dans le même but des feuillages trop riches en tannin, de chêne ou de bruyère.

Température des eaux d'irrigation. — Je n'ai que deux mots à ajouter maintenant pour ce qui est de la température que doivent avoir les eaux d'irrigation. Il est indubitable qu'il ne peut pas être bon pour les plantes, quand la température de l'atmosphère où elles vivent est très-élevée, de recevoir à leurs racines des eaux très-froides. Si l'on n'avait que de ces eaux-là à employer, tout au moins ne faudrait-il pratiquer les irrigations que pendant la nuit. Nous avons déjà proscrit, pour plusieurs raisons, l'emploi des eaux fournies par la fonte des neiges, ou venant des glaciers : nous trouverions ici dans leur température un nouveau motif d'exclusion.

L'effet nuisible des eaux trop froides sur les plantes a été observé en Piémont par un agriculteur aussi savant que modeste, de l'expérience duquel je dois me féliciter que les circonstances m'aient permis de profiter.

On avait arrosé en plein midi, au mois d'août, des champs de maïs en les inondant complétement, comme c'est l'usage en Piémont, et en employant pour cela les eaux très-froides de l'Orca, tout près des Alpes. On a vu tout de suite après cet arrosage, les maïs perdre en même temps leur vigueur et leur belle couleur verte, offrir enfin tous les symptômes d'une véritable maladie.

Quantité d'eau à employer. — Les différents livres d'agriculture français ou italiens que j'ai parcourus sont loin d'être d'accord sur la quantité d'eau qui est nécessaire pour l'irrigation d'un hectare de terrain pendant une année. On y trouve des chiffres qui varient de 3 900 à 8, 9 et 10 000 mètres cubes.

La diversité d'opinions est cependant ici plus apparente que réelle, car ces auteurs n'écrivent pas tous pour le même pays, et tiennent compte implicitement de la nature du sol, de l'influence du climat. Or, il est bien reconnu par tout le monde que dans le Midi il faut presque deux fois autant d'eau que dans le Nord.

En Lombardie et en Piémont surtout on admet des chiffres plus considérables encore que les précédents, et l'on ne demande pas moins de 15 à 18 mille mètres cubes d'eau par hectare.

Il faut faire à ce sujet cette remarque qu'en Lombardie les eaux qui ont servi à une irrigation sont versées ensuite sur un deuxième, quelquefois même sur un troisième terrain tout aussi étendus que le premier, ce qui diminue notablement la quantité de liquide accordée à celui-ci.

Les praticiens ne s'y trompent guère, d'ailleurs, et ne négligent de tenir compte d'aucune des circonstances qui doivent faire varier ces données.

Quand ils veulent obtenir des plantes une végétation très-vigoureuse, le développement des feuilles, des parties herbacées, ils emploient plus d'eau que s'il s'agit d'aider à la floraison pour recueillir ensuite des semences, des fruits. Aux plantes dont les racines ne s'enfoncent pas très-avant dans le sol, ils donnent des arrosages moins abondants mais plus fréquents qu'à celles qui sont profondément enracinées.

Aux toutes jeunes plantes ils mesurent toujours sévèrement les eaux d'irrigation pour ne pas trop les attendrir, et éviter ainsi qu'elles ne soient empâtées, recouvertes par des limons terreux. Enfin ils savent avoir égard à la perméabilité du sol, à la nature du sous-sol, à la pente générale des terrains, à leur exposition; ils apprennent bientôt à connaître les besoins particuliers de chacune des espèces de végétaux qu'ils cultivent.

Si l'on veut toutefois préciser un peu davantage; si l'on prend pour point de départ la dépense moyenne de 200 à 300 mètres cubes par hectare pour chaque irrigation (c'est-à-dire si l'on admet que l'on verse chaque fois sur la surface entière une hauteur de 2 à 3 centimètres d'eau); en adoptant aussi un terme moyen entre les années les plus sèches, les plus arides, et celles où il pleut le plus; en considérant un terrain qui ne soit ni trop fort, ni trop léger, on pourra établir le tableau suivant de la dépense moyenne d'eau, en Lombardie, par hectare de terrain, et pour les diverses cultures classées en quatre catégories différentes.

Les prés arrosés pendant l'hiver, cultivés à *marcita*, comme je l'ai dit en parlant des *fontanili* milanais, ont besoin d'être arrosés tous les jours à certaines époques, et échappent par suite à cette classification. Il est sous entendu encore que le terrain est censé nivelé, préparé convenablement pour recevoir les irrigations; car, l'absence de ces travaux préliminaires obligerait à employer une quantité d'eau plus que double, attendu que dans les terres irrégulières on en perd plus que l'on n'en utilise.

	Nombre d'irrigations		Hauteur d'eau à chaque irrigation.	Volume d'eau employé par hectare	
	par mois.	par année.		pour chaque irrigation.	par année.
Lin, chanvre, maïs, luzerne, etc............	»	2	0·06 m	600 m³	1 200 m³
Prairies ordinaires, naturelles ou artificielles...	3	15	0·03	300	4500
Prairies à *marcita*......	»	»	»	»	14000
Jardins légumiers........	9	50	0·02	200	10000
Rizières	4	20	0·06	600	12000

Influence des saisons. — J'ajouterai que les circonstances atmosphériques peuvent rendre les irrigations nécessaires dans toutes les saisons de l'année, car les plantes
ont toujours à peu près le même besoin d'eau plus ou
moins apparent ; mais il est clair que les irrigations ne
devront pas être pratiquées dans tous les cas de la même
manière ni aux mêmes heures.

Au printemps, il peut être utile d'arroser les champs
pour accélérer, par exemple, la germination des semences ;
il faudra alors donner peu d'eau à la fois, pour qu'un
abaissement subit de la température ne surprenne pas de
très-jeunes pousses dans un état dangereux d'humidité ; il
faudra se garder d'arroser le soir, pour la même raison,
et à cause de la fraîcheur des nuits.

En Lombardie, quand les prés se couvrent, au printemps, de givre, de gelée blanche, on se trouve très-bien,
dit-on, d'y faire arriver lentement un courant d'eau con-
tinu : mais les graminées seules, très-probablement, avec
leur organisation à base de silice, peuvent supporter ce
traitement hydropathique[1].

Par les fortes chaleurs de l'été, c'est le soir ou la nuit
qu'il convient de lâcher les eaux d'irrigation. Ces eaux
auront été échauffées pendant la journée ; et l'on évitera
les effets de l'évaporation qui peuvent avoir d'autres inconvénients que celui de la consommation d'un trop fort
volume d'eau. On a remarqué souvent en effet, dans le
pays lombard, que si l'on amène dans un pré une faible

---

[1] J'ai lu cependant *(Nœden, Trans. hort)* qu'en Angleterre un
nommé Hakisson avait eu l'idée d'arroser abondamment des plantes
de haricots qui avaient été gelées, et que cela lui avait parfaitement
réussi. Chose plus remarquable, l'auteur ajoute qu'il a lui-même
employé avec plein succès le même procédé sur des pêchers, dans
les mêmes conditions. La chose m'a paru assez curieuse pour mé-
riter d'être rapportée.

hauteur d'eau, aux heures les plus chaudes du jour, le sol se soulève en certains endroits, et que les racines mises à nu sont ensuite inévitablement brûlées.

Il est recommandé d'arroser les prairies le plus tôt possible après avoir fauché les foins, pour rendre aux plantes une vigueur nouvelle. C'est par de fréquentes et copieuses irrigations, pratiquées en automne, que l'on arrive à obtenir une troisième coupe des foins. Quant à celles qu'il peut convenir de faire en hiver, je n'y reviens pas, puisque ces pratiques spéciales ne peuvent guère trouver d'application dans nos contrées.

Influence du climat. — Les irrigations sont utiles et applicables en tous pays; mais, de l'avis de quelques écrivains, la zone tempérée est celle dans laquelle on peut en retirer les plus grands avantages[1]. Dans notre hémisphère, ce serait la zone comprise entre le 25e et le 47e degré de latitude, renfermant, au nord, le centre de la France, l'Allemagne méridionale; au midi, la Basse-Égypte, l'Arabie septentrionale et le midi de l'Empire chinois.

Nous sommes intéressés, vous le voyez, Messieurs, à nous mettre à l'œuvre pour ajouter de nouveaux documents à ceux que la Moselle[2], les Vosges[3], pourraient

---

[1] Il est permis de se demander toutefois si en Afrique, par exemple, des irrigations abondantes ne pourraient pas finir par transformer en verts pâturages les sables des déserts. L'expérience a déjà répondu pour quelques localités. Voir les *Études sur les Irrigations de la Metidja*, par Aymard.

[2] Pour apprécier les progrès de l'agriculture mosellane, voir le Tableau statistique des travaux de drainage exécutés dans le département de la Moselle au 31 décembre 1858, fourni par M. Le Joindre, ingénieur en chef des Ponts et Chaussées, en réponse à la circulaire ministérielle du 23 novembre 1858, et relative à une enquête sur l'influence du drainage.

[3] Voir dans les Mémoires de l'Académie impériale de Metz, année 1828-1829, page 251, la *Notice sur l'Agriculture des environs de*

déjà fournir, et pour prouver de toutes les manières pos-
sibles à Nadault de Buffon, par exemple, que sa zone
devrait s'étendre au nord au moins jusqu'au 49e ou au
50e degré de latitude. A cette limite encore le laisserions-
nous aux prises avec la *haute agriculture* anglaise !

Il est néanmoins un principe que nous ne pouvons pas
méconnaître, c'est que l'eau est d'autant plus nécessaire
à la végétation, et a, sur le développement de celle-ci, des
effets d'autant plus énergiques, que la température de
l'air est plus élevée, que la lumière est plus vive. Ainsi,
il est de règle de choisir, pour irriguer les diverses cultures, des jours chauds et sereins plutôt que des jours où
le ciel serait couvert de nuages. Ajoutons encore que les
vents ont une influence bien reconnue, ceux du midi pour
favoriser, ceux du nord pour contrarier les bons effets des
irrigations.

Mais il faut laisser, pensons-nous, au jugement des cultivateurs le soin d'appliquer de leur mieux toutes ces
règles; contentons-nous de signaler ici encore une donnée
expérimentale : c'est que 150 mètres cubes d'eau suffisent
à chaque irrigation d'un hectare de prairies, dans le nord ;
tandis que, dans le midi de la France, on auroit eu besoin
d'en donner au même terrain 225 mètres cubes.

Influence de la nature du sol. — Les praticiens ap-
prendront bien vite aussi à juger des modifications à faire
aux méthodes d'irrigation d'après la nature du sol qu'ils
cultivent. Ils se garderont d'entretenir beaucoup d'humidité dans certains terrains argileux qui s'imbibent si faci-
lement d'un grand excès d'eau, laquelle eau n'ayant pas

Belfort et de Montbéliard, par le très-regrettable général Ardant,
dans laquelle l'auteur décrit des procédés d'irrigation usités depuis
cinquante ou soixante ans dans ces contrées, et datant par suite de
1770 ou 1780.

d'écoulement par le sous-sol, amènerait inévitablement la pourriture des racines. Dans ces terrains, il se forme souvent à la surface une croûte sèche qui pourrait induire en erreur, si l'on en concluait que l'eau y manque, tandis que les racines n'en réclament nullement. C'est à ces terrains là que s'appliquerait de la façon la plus avantageuse la méthode par arrosement.

Les terrains siliceux, les terrains calcaires, demandent et supportent, ces derniers surtout, une plus forte quantité d'eau.

Mais c'est dans les terres légères que l'irrigation produit des effets vraiment surprenants. A moins que la couche de terre végétale n'ait une faible profondeur, ou bien que le sous-sol ne soit imperméable, il ne faut pas craindre d'y faire des irrigations abondantes, à intervalles rapprochés, et en première ligne dans les terrains sablonneux.

Enfin on applique, en Lombardie, l'irrigation d'une manière ingénieuse aux prairies elles-mêmes qui sont ombragées, humides, marécageuses, entourées de bois, et dont les récoltes sont d'ordinaire peu estimées, avec juste raison. Quand l'herbe est bien venue, on y fait passer rapidement, et plusieurs fois de suite, d'assez grands volumes d'eau : ce liquide enlève au foin, en grande partie, les principes acides ou astringents qui altèrent sa qualité, et l'on assure que par cet artifice, on l'améliore beaucoup.

Prises d'eau. — Il nous reste maintenant, Messieurs, à étudier la question qui nous occupe sous un autre point de vue essentiellement pratique; à examiner de quelle manière on emprunte leurs eaux aux torrents, aux lacs, aux rivières, aux canaux; comment on conduit ces eaux jusqu'aux points où elles doivent servir aux irrigations; à indiquer ensuite avec quels soins le sol doit être préparé pour les recevoir, car, je le répète, ce n'est pas le moins du monde irriguer qu'inonder artificiellement un terrain quelconque.

Le problème envisagé d'une manière générale est des plus simples.

Les eaux courantes étant toujours, à de rares exceptions près, au-dessous du niveau des terres qu'elles traversent, pour pouvoir les verser sur ces dernières il faut nécessairement les élever.

Je ne parle pas du procédé renouvelé des Chinois qui consiste à installer sur les cours d'eau des roues mises en mouvement par le courant lui-même. Ces roues ne donnent que peu d'eau et ne pourraient guère être établies sur les canaux dans lesquels la vitesse de l'eau est et doit toujours être faible.

On a donc, comme première ressource, l'établissement d'un barrage. Mais celui-ci produira en amont un gonflement d'eau qui pourra être préjudiciable aux moulins, aux usines déjà en activité, qui pourra menacer d'inondations irrégulières et intempestives les canaux existants, ou certaines parties du pays. En un mot le projet de barrage devra donner lieu à une enquête, à un réglement d'eau, de la part de l'autorité administrative; et celle-ci, pour sauvegarder les intérêts des riverains, sera souvent dans l'impossibilité d'accorder le point d'eau dont on aurait eu besoin pour l'irrigation.

On emploiera alors un autre moyen.

Au lieu de prendre les eaux à la hauteur des champs ou de la prairie à arroser, on ira les chercher en amont à une distance telle qu'elles aient, en ce nouveau point, un niveau supérieur d'une quantité convenable à celui de ce champ, de cette prairie. On construira tout exprès un canal d'irrigation, pour mettre en communication le lieu où l'on fait la prise d'eau et le terrain dont on s'occupe.

La déclivité du canal devra, d'après toutes les règles de l'Hydraulique, être la plus faible possible ; et comme d'ailleurs le lit des cours d'eau a toujours une assez forte pente, notamment en Lombardie, ainsi qu'on l'a vu ci-dessus, il en résulte qu'arrivé à sa destination le canal aura une élévation assez grande au-dessus du point correspondant du cours d'eau, pour que celui-ci puisse faire l'office de canal de fuite, ou, si j'emploie le mot technique, d'épuroir.

Car, il ne faut pas le perdre de vue, dans un système d'irrigations bien entendu, il est indispensable que l'on ait la faculté de régler le volume, la hauteur de l'eau, ainsi que sa vitesse d'admission, et de l'écouler enfin plus ou moins complétement, en tenant compte des besoins particuliers des diverses espèces de plantes.

Cette dernière solution sera la seule praticable, si le terrain à arroser est à une certaine distance du lieu où se trouvent les eaux. Ce lieu est-il un réservoir ? On ne pourra plus disposer alors que du tracé du canal, puisque les points extrêmes en seront déterminés d'avance. Si c'est un cours d'eau, au contraire, on tâchera d'obtenir que le canal ait le moins de développement possible ; et pour cela, on le dirigera sur un point dont la différence de niveau au-dessus du sol à irriguer soit précisément égale à la pente totale *minima* qu'il est permis de donner au canal.

Le canal de desséchement sera tracé, lui aussi, de manière à ce qu'on ait à faire le moins de dépense possible, sauf le cas où il remplirait l'office de canal d'amenée par rapport à des terrains inférieurs, comme on le voit habituellement en Italie, auquel cas il serait assujetti à satisfaire à de nouvelles conditions.

Ces principes généraux sont susceptibles d'applications très-différentes suivant que les prises d'eau sont exécutées

sur les torrents des montagues, le long des cours d'eau
plus considérables qui sillonnent les plaines, ou suivant
qu'il s'agit d'eaux souterraines.

Vous comprendrez, Messieurs, que je ne puis m'occuper
ici de la construction de tous ces ouvrages d'art; il n'y
en a qu'un bien petit nombre pour l'installation desquels
l'agriculteur puisse s'en rapporter à ses connaissances
propres; et la plupart du temps il est obligé d'avoir
recours aux ingénieurs qui ont fait des constructions
hydrauliques le sujet d'études approfondies. Les grands
canaux d'irrigation doivent d'ailleurs servir aussi quelquefois de canaux de navigation, comme le Naviglio grande
de Milan, par exemple, et c'est alors à l'État qu'il appar-
tient en général de les faire exécuter.

La prise d'eau du Tessin, à Tornavento, et celle de
l'Adda, à Trezzo, sont les plus remarquables en Lombardie;
l'Adda donne naissance au canal de la Muzza qui aboutit
à Milan, et qui fut commencé en 1220; au Naviglio la
Martesana, qui date de 1457; et en amont de celui-ci au
canal Paderno [1].

Les digues établies sur le Tessin datent de 1177: elles
sont accompagnées d'ouvrages accessoires intéressants.

Le Tessin étant très-encaissé depuis sa sortie du lac
Majeur jusqu'au point dont je parle, ses eaux ne peuvent
s'étendre latéralement, pendant les grandes crues; et il
en résulterait, aux mêmes époques, un grand trouble dans
le régime du Naviglio grande, ce qui aurait de graves
inconvénients.

Pour maintenir les eaux de ce canal à une hauteur à
peu près constante, et quoiqu'à Tornavento le lit du Tessin
conserve une largeur de 65 mètres jusqu'à l'extrémité de

---

[1] Le canal de Pavie, qui relie cette ville à Milan, ne fut commencé qu'en 1809, et qu'en vertu des ordres de Napoléon 1er.

l'éperon, à l'endroit nommé la Bouche de Pavie *(Bocca di Pavia)*, il a fallu disposer, sur la rive droite du canal, dans la longueur des 9 premiers kilomètres, 6 grands déversoirs et jusqu'à 51 vannes destinées à rendre au Tessin l'excédant d'eau que le canal peut en avoir reçu.

Quant à l'emploi des eaux souterraines auquel j'attribue *de visu* une extrême utilité, et qui donnerait par conséquent une grande importance chez nous à l'art de découvrir les sources, je ne reviendrai pas ici sur ce que j'ai dit des *fontanili*, et ne signale que pour mémoire le parti que l'on pourrait tirer en certains cas des puits artésiens, dont les Modénais, soit dit en passant, réclament, à tort ou à raison, la priorité d'invention; ou bien encore des eaux fournies par le drainage de terrains plus élevés. Mais je vous demanderai la permission d'entrer dans quelques détails relativement à un procédé très-ingénieux et très-simple qui a été plusieurs fois appliqué en Italie dans ces dernières années: je vous avouerai même que ce qui a été fait là-bas m'a d'autant plus vivement frappé qu'il m'a semblé qu'on pourrait le refaire avec grand avantage en France, dans bien des localités, et notamment dans un village tout voisin de Metz, dont la propriété et le bien-être m'intéressent d'une manière particulière.

Il y avait non loin des Appennins un petit torrent très-impétueux à l'époque des grandes pluies, mais complétement à sec pendant neuf mois de l'année. En étudiant le gisement géologique des terrains de ce petit bassin, un ingénieur reconnut que le lit de ce torrent était formé d'alluvions, de sable, sur une épaisseur de 2 à 3 mètres, et que par-dessous régnait un sous-sol de tuf tout à fait imperméable.

On fit ouvrir une tranchée de 20 mètres environ de longueur sur 5 mètres de largeur, dans une direction perpendiculaire au cours du torrent, et, un peu avant d'arriver au sous-sol, on rencontra une lame d'eau très-claire et très-bonne qu'on détourna provisoirement.

Le tuf ayant été mis à découvert, on y creusa les fondations d'un mur en béton et en bon mortier hydraulique, auquel on donna 1ᵐ,50 à la base, 1 mètre au sommet, et 3 mètres de hauteur environ.

Ce barrage arrêtant toutes les eaux souterraines, on vit bientôt celles-ci s'élever graduellement jusqu'au-dessus du mur lui-même : on put les diriger aisément dans un petit canal ménagé latéralement, auquel on ne laissa que peu de pente et qui, par conséquent, se trouva bientôt assez élevé au-dessus de tous les terrains à arroser.

La dépense occasionnée par ces travaux, dont la durée fut très-courte, ne s'éleva qu'à *1283 fr. 60 c.*

Il y a, Messieurs, tout près de Metz, au pied de l'une des élévations[1] les plus considérables formées par les mouvements de terrain qui ont autrefois fixé le cours de la Moselle, des prés assez vastes dans lesquels le célèbre abbé Paramelle n'a pas eu grand mérite à prophétiser que l'on trouverait de l'eau, car ils sont dans un état constant d'humidité.

Les argiles liassiques qui forment le sous-sol de toute cette vallée ne sont qu'à une faible profondeur, et j'ai la confiance que si l'on barrait transversalement ces prés sur une certaine étendue, en imitant, avec quelques variantes, le procédé italien, on formerait là bien aisément, et à peu de frais, un réservoir capable d'alimenter d'eau potable toute cette contrée qui en manque essentiellement, de lui fournir assez d'eau pour qu'il fût possible d'installer un lavoir public dans le village, sans renoncer même à en utiliser le trop plein pour des irrigations partielles.

[1] Le mont Saint-Blaise.

On retirerait un plus grand avantage encore peut-être d'opérer en pareil cas de la manière suivante.

On tracerait le long de la ligne de plus grande pente du terrain une tranchée maîtresse allant jusqu'au sous-sol imperméable; de cette tranchée partiraient, à droite et à gauche, d'autres fossés inclinés obliquement, et dirigés de façon à arrêter toutes les eaux souterraines pour les verser dans le conduit central. Ces eaux viendraient ainsi se réunir en abondance au point le plus bas, où pourrait être construit un réservoir muni d'un regard, ou bien d'où elles s'écouleraient par un canal convenable.

La dépense serait ici un peu plus grande sans doute, mais on peut affirmer qu'on en serait plus qu'indemnisé par l'assainissement bien complet de tout le terrain dans lequel ces travaux auraient été exécutés; de sorte que l'eau qu'on se serait procurée, et qui devrait être considérée comme un immense bienfait, ne coûterait absolument rien.

Mais il y a plus : et cette dépense de première mise pourrait être considérablement réduite si le sous-sol imperméable avait par hasard assez de consistance pour que l'on pût y creuser le système de fossés en arêtes de poisson dont je viens de parler, et si l'on se bornait à recouvrir ceux-ci de fascines, de paille[1], de pierres, avant d'y rejeter les terres, et de les combler.

Les mois d'août, septembre et octobre, sont l'époque la plus favorable pour la recherche des eaux souterraines. Si juin et juillet n'ont pas été pluvieux et que malgré cela on trouve de l'eau, on peut être assuré de n'en jamais manquer.

[1] D'après un auteur ancien, « la paille ainsi employée servira » longuement, car on tient comme cabale » (tradition) « qu'enfermée dans terre sans sentir l'air demeure saine plus de » cent ans. »

Enfin on a imaginé en Italie un autre procédé d'irrigation des terrains qui consiste à les arroser intérieurement, de manière à porter de l'eau aux racines, en profitant de la capillarité des terres végétales.

Imaginez, Messieurs, un système complet de drainage avec tuyaux poreux en terre cuite : les drains inférieurs étant fermés, on fait arriver l'eau par la partie supérieure, de manière à en remplir tout le réseau. Les eaux s'infiltrent dans le sol par les pores des tuyaux, par les interstices des drains, et l'on prétend faire remplir par là au drainage, un but doublement utile en lui permettant de remédier tour à tour à la trop grande sécheresse aussi bien qu'à la trop grande humidité du sol.

Il y aurait beaucoup à dire à cet égard, et je ne me permettrai pas de juger une idée dont je ne connais pas, dont je n'ai pas vu d'applications pratiques ; mais il est permis d'exprimer la crainte que l'ensemble du drainage ainsi employé ne fût mis promptement hors de service, soit parce que les terres empâteraient et obstrueraient les tuyaux, soit à cause du développement considérable que le chevelu des racines ne manquerait pas de prendre dans le voisinage de ceux-ci.

Canaux. — Quant aux moyens à employer pour conduire les eaux, si la construction des canaux sort de mon sujet, comme je l'ai dit précédemment, je ne veux cependant pas négliger de signaler les conditions pratiques auxquelles ces canaux doivent satisfaire, au point de vue de l'irrigation.

La plus essentielle de toutes serait de transmettre, autant que possible, aux terrains auxquels ils aboutissent, la totalité de l'eau qu'ils reçoivent au point où ils prennent naissance.

Or, il y a dans les canaux trois causes de perte : l'absorption, les infiltrations, l'évaporation ; et, sans entrer dans beaucoup de détails à cet égard, je crois devoir rapporter les résultats d'expériences d'après lesquels un canal, débitant 100 litres par seconde, peut perdre 2 litres ½ environ dans les premiers 1000 mètres qu'il parcourt[1].

On a constaté directement les pertes que subissent les canaux de la Lombardie, pour ces causes réunies ; ce sont les suivantes :

CANAUX.	DÉBIT, en pouces milanais,		PERTE		
	calculé.	observé.	totale.	pour cent environ.	moyenne.
Naviglio grande ...	1234^p	1075^p	159^p	15	
Martesana	654	584	70	12	15
Muzza	1768	1482	286	19	

Ainsi, les irrigations de la Lombardie s'étendant à environ 300 000 hectares, l'eau perdue suffirait pour en irriguer 45 000 autres ! Je dis l'eau perdue, et le mot est impropre, Messieurs ; car, l'humidité que l'absorption du terrain, que les infiltrations entretiennent dans le sol, est loin d'être perdue pour l'agriculture ; de même aussi les vapeurs que l'atmosphère renferme en si prodigieuse quantité, venant se condenser, sous forme de rosée, sur les parties vertes des végétaux, complètent en quelque sorte l'irrigation en faisant participer celle-ci aux avantages spéciaux déjà signalés des arrosements. Je n'avais vu nulle part encore des rosées aussi considérables que celles qu'il m'a été donné de remarquer aux environs de Pavie, dans les riches prairies qui entourent la Chartreuse, par

[1] *Annales des Ponts et Chaussées.* 2e trimestre, 1853.

exemple, dans ce pays où il y a tant de rizières, où l'on trouve à chaque pas des eaux courantes et stagnantes.

Les canaux en maçonnerie ont l'avantage d'économiser l'eau en évitant les pertes que je viens d'énumérer : mais ils ont le grave inconvénient d'être fort coûteux.

Dans bien des cas on aura toutefois un véritable intérêt à en établir de cette nature, et il y aura lieu d'examiner alors s'il ne conviendrait pas d'employer un procédé simple et rapide décrit dans les Bulletins de la Société d'encouragement pour l'industrie nationale[1], au moyen duquel on peut construire des conduites cylindriques en béton de 8 centimètres, à raison de 50 centimes le mètre, et des conduites de 16 à 19 centimètres, pour 1 ou 2 francs, suivant les localités. En deux mots, voici en quoi ce procédé consiste.

Après avoir donné au fond du canal la pente voulue, on y établit une aire en béton d'une épaisseur convenable.

On a un tuyau cylindrique en forte toile caoutchoutée du diamètre qu'on veut donner à la conduite ; on le remplit d'eau, et, après l'avoir saupoudré de sable fin, on le pose sur l'aire en béton. On coule ensuite sur toute la longueur du tuyau une nouvelle quantité de ce béton, de manière à l'en entourer uniformément. Celui-ci ayant fait prise, on vide l'eau contenue dans le tuyau, on retire celui-ci sans difficulté ; on le remplit d'eau une seconde fois pour le placer à la suite de la partie du conduit qui est terminée, et l'on continue de la même manière.

Pour favoriser la distribution des eaux d'irrigation, en Lombardie, l'État a toujours suivi la même méthode dont il s'est, au reste, parfaitement trouvé. Il vend en toute propriété l'eau des canaux principaux aux propriétaires

[1] Année 1845, page 446.

des terrains que ces canaux traversent. Ces riches propriétaires font ensuite tous les travaux secondaires que
nécessite la distribution intérieure des eaux. Le *diretto di
acquedotto* ou droit de passage leur assure, sous de certaines conditions bien établies[1], la possibilité de conduire
leurs canaux à travers les terres qui séparent leurs propriétés des points où ils ont fait leurs prises d'eau. Mais
comme les personnes auxquelles appartiennent les terrains intermédiaires jouissent, d'un autre côté, du droit
de se servir pour l'irrigation des eaux excédantes, moyennant une rétribution convenable, et à la condition de les
verser, après s'en être servies, dans le canal même auquel
elles les ont empruntées, il en résulte que les canaux
secondaires deviennent très-nombreux et se prolongent
par des ramifications bien plus nombreuses encore.

Grâce à d'ingénieux travaux d'art, on voit ainsi les
canaux s'entre-croiser à tous les niveaux, passer les uns
par-dessus les autres, tout en respectant le réseau de

[1] Les terrains intermédiaires qui doivent être achetés pour livrer
passage à un canal d'irrigation, sont estimés à leur valeur réelle,
et l'acquéreur est ensuite tenu de payer le quart, le tiers ou la
moitié en sus de cette valeur, suivant les localités, et cela indépendamment des indemnités qu'on peut avoir à lui réclamer pour
tous autres dommages pendant les travaux.

Dans certaines parties de la Lombardie et de la Vénitie, les
terrains ainsi occupés pour l'installation d'un canal, en vertu du
droit *di acquedotto*, sont payés le double de leur valeur d'estimation.

Si l'on réfléchit à la dépense qu'entraînent en outre la construction, l'entretien du canal et les divers droits généraux qu'il faut
acquitter, on comprendra qu'il est nécessaire que le prix de l'eau
soit très-élevé, comme il l'est en effet, pour que ces canaux
puissent rapporter l'intérêt du capital déboursé pour leur installation. Aussi peut-on citer plusieurs canaux dont la construction
a été une très-mauvaise affaire, au point de vue purement commercial.

tranchées qui ramènent l'eau au canal d'où elle a été détournée : cet ensemble est bien certainement une des choses les plus curieuses que l'on puisse étudier en Italie. Mais il faut renoncer à le décrire, car il ne serait pas possible d'en donner une idée un peu exacte sans entrer dans des développements trop étendus, et sans présenter des dessins explicatifs.

Il existe dans les provinces de Milan, de Lodi et de Pavie surtout, un grand nombre de canaux construits par de simples particuliers, comme j'ai déjà eu occasion de le dire. Dans cette dernière on peut en citer un, en aval de Pavie, qui a une étendue de 50 milles[1], dont la dépense s'est élevée à 3000000 de livres, qui débite 210 pouces d'eau et féconde 12000 hectares de terrain.

Le canal Borromeo qui débite 120 pouces d'eau, le canal Belgiojoso qui en donne 42, n'ont pas coûté, l'un et l'autre, moins de 800000 livres. Enfin le canal Taverna, qui n'a été fini qu'en 1855, en a coûté 700000, quoiqu'il n'ait que 14 milles de longueur : il faut ajouter qu'il a exigé la construction de 300 ouvrages d'art pour circuler à travers toutes les routes, tous les canaux existants qu'il traverse.

Je dois citer encore un canal d'un genre tout particulier, la Vettabia[2], déversoir du *Naviglio interno* ou *fossa interna*[3], fossé de l'ancienne ville, qui, depuis un temps immémorial[4], est une source intarissable de richesse pour les campagnes situées sous les murs de Milan. Son débit

[1] Le mille milanais vaut 1654 mètres.
[2] Peluso. *Annali d'agricoltura.* (Gennaio 1856.)
[3] Le Naviglio interno met le canal Martesana, alimenté par l'Adda, en communication avec le Naviglio grande qui dérive du Tessin : le lac Majeur et le lac de Côme sont ainsi en relation non interrompue.
[4] Ce canal est antérieur à l'occupation romaine.

n'est cependant que de 25 à 30 pouces d'eau milanais ; mais il traverse des quartiers populeux, contenant grand nombre de fabriques et d'usines ; il se charge d'immondices, de débris organiques de toute nature, de façon que ses eaux constituent une sorte de fumier liquide. Aussi les prés qu'elles arrosent n'ont-ils jamais besoin de recevoir d'autres engrais, et peuvent-ils produire jusqu'à huit récoltes par année, dont cinq d'herbe et trois de foin. Le limon qu'elles y déposent en élève même assez rapidement le niveau pour qu'on soit obligé d'en enlever, tous les quatre ou cinq ans, une couche de plusieurs centimètres, sans quoi les eaux d'irrigation n'y pourraient plus arriver. Cette sorte de terreau qu'on en retire est vendu fort cher aux maraîchers qui ne sont pas en position de profiter de la Vettabia. Et, indépendamment de ce revenu, la fertilité des terres ainsi arrosées est telle qu'elles rapportent à leurs propriétaires jusqu'à 700 livres (820 francs) par hectare de fermage, quitte d'impôts et de tous autres frais.

Je ne pouvais négliger d'accorder une mention spéciale à la Vettabia, pour faire ressortir l'extrême convenance qu'il y a à tirer parti d'une manière analogue des immondices recueillies maintenant dans les égouts des grands centres de population, et susceptibles de devenir ainsi une source inépuisable de revenu pour les villes, de prospérité pour les campagnes, tandis qu'il y a peu de temps encore leur enlèvement, quánd il avait lieu, grevait de lourdes charges les budgets municipaux. Cette importante question est maintenant à l'étude à Metz ; sans rien préjuger quant à la solution que proposera la Commission spéciale qui étudie les moyens de réaliser ce progrès, il me sera peut-être permis de dire que pour appliquer tous les principes que je viens d'exposer, pour imiter le plus avantageusement possible ce qui se fait ailleurs avec tant de succès, il conviendrait, ce me semble, de recevoir les produits des égouts dans de grands réservoirs maçonnés où se déposeraient les matières solides, d'où les eaux fécondantes seraient seules dirigées, après y avoir séjourné pendant quelque temps, sur les terrains à irriguer. Quelque coûteuses que pussent être les eaux dont l'excédant servirait ainsi à laver les égouts, elles deviendraient certainement par là bien plus précieuses encore. A des intervalles convenables, on pratiquerait le curage des réservoirs dont les dépôts constitueraient un engrais solide excellent que se disputeraient bientôt tous les jardiniers des environs.

Sans revenir sur les diverses considérations théoriques précédemment exposées, il est clair qu'on réaliserait de cette façon l'avantage de pouvoir élever au besoin ces eaux qui seront versées, il ne faut pas l'oublier, aux points les plus inférieurs de la ville ; d'en faire profiter par conséquent une bien plus grande étendue de terrain. Puis il ne faut pas perdre de vue que les eaux fortement ammoniacales, comme celles-ci le seront probablement, sont réputées nuisibles [1], et particulièrement pour les prairies ; que par suite il ne serait pas sans utilité de réunir ces eaux dans des réservoirs, pour en constater chimiquement les qualités, pour les amender s'il y avait lieu, pour les étendre d'eau pure si elles étaient trop fortes, etc...

Préparation des terrains. — J'ai déjà insisté sur la nécessité de bien préparer [2] les terrains qui doivent recevoir les irrigations, et notamment les prairies naturelles ou artificielles. Une des conditions les plus essen-

---

[1] Barral. *Journal d'agriculture pratique.* 3º série, tome VI.

[2] Les Allemands appellent les ouvriers qui ont la spécialité de ces travaux, *Wiesenbauer* (fabricants de prés).

tielles à remplir en effet, en établissant des irrigations, c'est de distribuer les eaux d'une manière bien uniforme, sans qu'elles aient en quelques points plus de vitesse que dans d'autres, sans qu'elles puissent arriver plus aisément par ici que par là, ni séjourner surtout dans quelques plis du terrain.

J'ai tant abusé de votre indulgente attention, Messieurs, que je n'oserais vraiment plus entrer dans quelques détails relativement à ce sujet qui, d'ailleurs, a été soigneusement traité dans vos Mémoires, ainsi que je l'ai dit plus haut. Je me bornerai à consigner ici quelques règles qui régissent ces travaux, en Lombardie.

Il suffit, au reste, de bien comprendre que la préparation [1] du terrain consiste à donner à celui-ci une pente uniforme d'un bout à l'autre, quand on le peut. On se représentera bien le résultat qu'on doit atteindre, en imaginant une grande planche rectangulaire qui reposerait sur un plan horizontal soit par sa grande, soit par sa petite base, soit encore par l'un de ses angles.

L'eau arrivant à la partie supérieure bien entendu, est dirigée le long de la ligne de plus grande pente : le conduit principal ayant cette direction peut verser successivement l'eau dans des rigoles formant de véritables horizontales de la surface plane du terrain ; et, pour produire l'irrigation, pour faire déborder ces rigoles, le canal central porte des vannes mobiles qu'on déplace à volonté.

Bien souvent on se contente de faire circuler les eaux dans des rigoles ouvertes de distance en distance, et assez rapprochées pour que le terrain sillonné par ces rigoles puisse se pénétrer d'eau d'une quantité suffisante. On fait alors de l'irrigation par infiltration.

Lorsque les accidents du terrain rendent à peu près

______
[1] En italien *ragguagliamento*, égalisage.

impossible ou seulement trop coûteux le nivellement du sol suivant un plan unique, on y dispose plusieurs facettes planes, chacune desquelles est traitée ensuite comme je viens de le dire.

En exceptant les irrigations particulières du lin, du chanvre, du riz et même celle des maïs (car on a conservé l'habitude de chausser le pied de ces dernières plantes, ce qui simplifie beaucoup les irrigations), on admet que la pente générale à donner au terrain doit être, dans tous les cas, en raison inverse de la quantité d'eau dont on dispose. Et en effet, si le terrain était presque horizontal, et s'il y arrivait peu d'eau, celle-ci s'arrêterait tout près des fossés d'arrosement, et ne se répandrait pas; si les eaux coulaient abondantes sur une pente raide, au contraire, elles ne manqueraient pas d'en raviner plus ou moins profondément la surface. Mais les circonstances locales commandent parfois; elles peuvent faire varier de 430 à 1 300 francs par hectare la dépense qu'entraîne la préparation du sol. C'est donc, en moyenne, sur 865 francs qu'il faut compter; à cela il convient d'ajouter 120 francs environ pour le gazonnage des fossés, rigoles, etc...., ce qui porte à près de 1 000 francs, moyennement, la dépense par hectare.

Quant à la conduite des eaux, aux canaux, aux fossés, aux rigoles d'irrigation, on paie, en Lombardie:

De 0f,87 à 1f,07, pour 10 mètres de canaux ayant 1m,50 de largeur;

De 0f,72 à 0f,80, pour 10 mètres de canaux ayant 0m,80 de largeur;

De 0f,40 à 0f,50, pour 10 mètres de fossés ayant 0m,50 de largeur;

De 0f,10 à 0f25, pour 10 mètres de petites rigoles d'arrosement.

Produit des irrigations. — Pour vous permettre d'apprécier maintenant, Messieurs, les avantages incalculables que les irrigations apportent à la Lombardie autrement qu'en vous communiquant mes impressions personnelles que vous pourriez trouver peut-être trop enthousiastes, je ne trouve rien de mieux à faire que d'appeler votre attention sur la valeur d'un seul pouce d'eau d'irrigation. Le prix n'en est pas partout le même; à Milan, et pour les dérivations du Naviglio grande et du Naviglio de Pavie, il s'élève à 10 820 livres italiennes (12 074 fr. 40), quand on ne fait usage des eaux qu'en été seulement, et jusqu'à 12 040 livres (14 086 fr. 80) pour l'année entière[1].

Aussi peut-on très-bien admettre que l'on n'a rien exagéré quand on a publié[2] que: « les eaux de la Lom» bardie et du Piémont représentent une rente de 50 mil» lions de francs, ou un capital de 1 milliard emprunté » au fleuve et consolidé sur le sol. »

La concession d'un pouce d'eau suffit pour irriguer 40 à 46 hectares de terres arables ou de prairies, et 20 à 25 hectares de rizières.

D'après ces données, la jouissance assurée des eaux augmenterait, en nombres ronds, le prix de l'hectare:
De 260 à 300 fr., pour les terrains arrosés l'été;
De 300 à 350 fr., pour les terrains arrosés toute l'année;
De 520 à 600 fr., pour les rizières.

En faisant intervenir les dépenses préliminaires dont il vient d'être question tout à l'heure, c'est, en moyenne, une augmentation de près de 1 500 francs par hectare, dont on est bien vite indemnisé, et au delà, car on afferme

---

[1] On loue de même un pouce d'eau au prix de 500 livres pour l'été seulement, et de 600 livres pour toute l'année.

[2] Peyret-Lallier. *Des Irrigations.*

couramment sur le pied de 300 et 400 livres italiennes (351 à 468 francs) par hectare.

Et combien de milliers d'hectares de ces terres seraient en friches et tout à fait improductives sans les irrigations !

Je finirai en vous citant un fait qui m'a paru très-concluant, et qui n'est pas sorti de mon souvenir depuis qu'il m'a été raconté.

Un cultivateur aisé avait acheté un terrain d'environ 9 hectares, dont une partie était en jardin légumier. Mais il n'avait pas d'eau en quantité suffisante pour ce genre de culture : il se décida à mettre le tout en prairie.

En homme intelligent, pour perdre le moins possible de son eau, il fit construire en maçonnerie toutes les rigoles et conduites d'eau, en leur donnant une faible largeur, cela va sans dire. Il finit ainsi par avoir de quoi bien arroser ses prés qui lui donnent, bon an mal an, pour 5000 livres argent de foin, près de 6000 francs, ce qui représente l'énorme revenu de 650 francs par hectare !

Je ne veux cependant pas admirer sans restrictions ; et si l'irrigation, double pour le moins, comme on l'admet en Italie, les récoltes des prairies, des terres ensemencées en blés, en maïs, en menus grains, de celles qui produisent du lin, du chanvre, etc., ce n'est pas sans épuiser la terre à laquelle toutes ces plantes plus vigoureuses empruntent les substances nutritives nécessaires à leur développement. Le sol irrigué s'appauvrirait donc bien vite s'il ne recevait des engrais plus fréquemment et en quantité plus considérable que celui qui ne l'est pas. Il paraît aussi bien reconnu que dans les terrains largement irrigués les fourrages ont un peu moins de valeur, les légumes moins de saveur qu'ils n'en auraient si les terrains ne recevaient pas d'eau d'irrigation.

Mais personne n'a jamais songé à faire de l'ensemble

de tout cela une objection contre la mise en pratique des irrigations, tandis que je pourrais multiplier les citations pour en rappeler les bienfaits en dehors même de l'Italie.

Ainsi la Notice précitée de M. le général Ardant, où il est question des irrigations dans les Vosges avant 1829[1], exprime l'avis « qu'on peut espérer de quadrupler le pro- » duit d'un pré en y établissant des irrigations. »

Gasparin, dans son Cours d'agriculture, raconte qu'on a vu en Provence, à Pierrelatte, « 14 hectares de terrains » graveleux et sablonneux provenant d'un bois défriché » et ayant coûté 18000 francs, produire, en une seule » année, par le moyen des irrigations du canal de Don- » zère[2], 350000 kilogrammes de luzerne d'une valeur de » 18000 francs, prix d'achat du terrain. »

Il me semble, Messieurs, que je n'ai besoin de rien ajouter, que je n'ai même pas de conclusions à prendre.

Si vous jugez que ces quelques pages, à la rédaction un peu rapide desquelles je regrette que mes occupations ne m'aient permis de donner ni plus de temps ni plus de soins, méritent de prendre place dans vos Mémoires, et d'être mises ainsi un peu plus tard[3] sous les yeux des cultivateurs de nos contrées, puissent-elles, secondant vos intentions, les disposer à s'occuper sans retard d'introduire les Irrigations dans leur agriculture; puissent-elles faire apprécier à nos jeunes gens les ressources que leur

[1] Mémoires de l'Académie impériale de Metz, 1829, page 270.

[2] On trouve en Provence les canaux de Craponne, de Boisjelin, de Crillon, de Donzère, qui sont utilisés en partie pour des irrigations; les trois premiers sont dérivés de la Durance, le quatrième du Rhône, en un point où ce fleuve forme une cataracte, une sorte de barrage naturel. *(D'après Gasparin.)*

[3] La lecture de ce Mémoire a été faite dans la séance de l'Académie impériale de Metz du 24 novembre 1859.

présenterait cette carrière trop délaissée, s'ils y appor-
taient surtout les notions élémentaires de Physique, de
Chimie, d'Histoire naturelle, sans lesquelles ils seraient
menacés de faire souvent fausse route.

Que l'Académie me permette de lui répéter encore, en
finissant, combien j'ai été heureux de rester en communication de pensées avec elle : je ne pouvais oublier tout
l'intérêt avec lequel elle provoque, elle encourage, elle
suit les progrès de notre agriculture nationale, dont l'importance a été solennellement proclamée, devant une
autre Académie, dans un savant rapport' où se trouvent
ces paroles mémorables :

« Ils sont manifestement dans l'erreur ceux qui croient
» qu'il suffit d'ouvrir les ports et les frontières à l'impor-
» tation pour prévenir ou arrêter la disette. **La subsis-**
» **tance publique n'est assurée que lorsque le pays la**
» **produit entièrement.** »

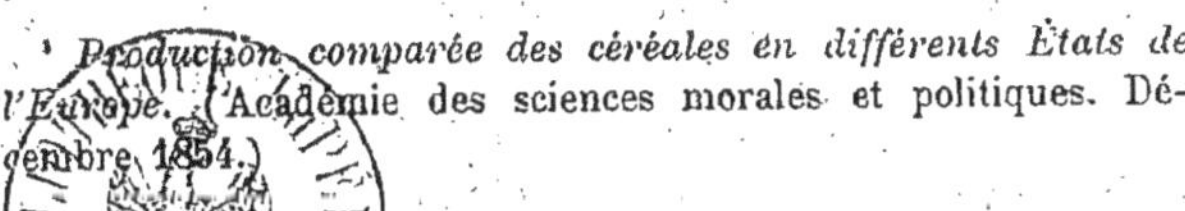

' *Production comparée des céréales en différents États de
l'Europe.* (Académie des sciences morales et politiques. Décembre 1854.)